essentials

Essentials liefern aktuelles Wissen in konzentrierter Form. Die Essenz dessen, worauf es als „State-of-the-Art" in der gegenwärtigen Fachdiskussion oder in der Praxis ankommt. *Essentials* informieren schnell, unkompliziert und verständlich

- als Einführung in ein aktuelles Thema aus Ihrem Fachgebiet
- als Einstieg in ein für Sie noch unbekanntes Themenfeld
- als Einblick, um zum Thema mitreden zu können

Die Bücher in elektronischer und gedruckter Form bringen das Fachwissen von Springerautor*innen kompakt zur Darstellung. Sie sind besonders für die Nutzung als eBook auf Tablet-PCs, eBook-Readern und Smartphones geeignet. *Essentials* sind Wissensbausteine aus den Wirtschafts-, Sozial- und Geisteswissenschaften, aus Technik und Naturwissenschaften sowie aus Medizin, Psychologie und Gesundheitsberufen. Von renommierten Autor*innen aller Springer-Verlagsmarken.

Karsten Grunewald · Roland Zieschank ·
Johannes Förster · Bernd Hansjürgens ·
Tobias M. Wildner

Die Zukunft der Wirtschaftsberichterstattung

Ökosystemleistungen und
Biodiversität in staatlichen und
unternehmerischen Bilanzierungen

 Springer Vieweg

Karsten Grunewald
Leibniz-Institut für ökologische
Raumentwicklung (IÖR)
Dresden, Deutschland

Roland Zieschank
IZT – Institut für Zukunftsstudien und
Technologiebewertung gemeinnützige GmbH
Berlin, Deutschland

Johannes Förster
Helmholtz-Zentrum für Umweltforschung
GmbH – UFZ
Leipzig, Deutschland

Bernd Hansjürgens
Helmholtz-Zentrum für Umweltforschung
GmbH – UFZ
Leipzig, Deutschland

Tobias M. Wildner
Helmholtz-Zentrum für Umweltforschung
GmbH – UFZ
Leipzig, Deutschland

ISSN 2197-6708   ISSN 2197-6716 (electronic)
essentials
ISBN 978-3-658-44685-7   ISBN 978-3-658-44686-4 (eBook)
https://doi.org/10.1007/978-3-658-44686-4

Die Deutsche Nationalbibliothek verzeichnet diese Publikation in der Deutschen Nationalbibliografie; detaillierte bibliografische Daten sind im Internet über https://portal.dnb.de abrufbar.

Planung/Lektorat: Daniel Froehlich
Springer Vieweg ist ein Imprint der eingetragenen Gesellschaft Springer Fachmedien Wiesbaden GmbH und ist ein Teil von Springer Nature.
Die Anschrift der Gesellschaft ist: Abraham-Lincoln-Str. 46, 65189 Wiesbaden, Germany

Wenn Sie dieses Produkt entsorgen, geben Sie das Papier bitte zum Recycling.

Was Sie in diesem *essential* finden können

- Warum ist eine Modernisierung von Wirtschaftsberichten nötig und welche Dynamik zeichnet sich hier ab?
- Welche Informationen zu Ökosystemleistungen und Biodiversität liegen bundesweit vor?
- Was sollten Unternehmen zu Ökosystemleistungen und Biodiversität bilanzieren und wie könnten sie künftig berichten?
- Welche Synergien gibt es zwischen der staatlichen und der unternehmerischen Ebene?
- Welche Institutionen und Akteure beeinflussen das Handlungsfeld einer erweiterten Wirtschaftsberichterstattung?

Vorwort

Eine intakte, artenreiche Natur ist die Grundlage für unser Leben. Sie liefert sauberes Wasser, ist unabdingbare Nahrungsgrundlage und bietet Raum für vielfältiges Erleben. Doch die Leistungen funktionierender Ökosysteme werden zwar in Umweltberichten gewürdigt, in volkswirtschaftlichen Berechnungen und Unternehmensbilanzen spielt der Faktor Naturkapital aber bisher kaum eine Rolle.

Die Naturbewertung und die Integration von Leistungen der Ökosysteme in staatliche und unternehmerische Berichtssysteme sind notwendig, weil sich nur so eine Chance eröffnet, sie stärker als bisher in politische und wirtschaftliche Entscheidungsprozesse einzubeziehen und letztendlich angemessen wertzuschätzen. Die Einführung dieser neuen, transparenten Form von Wirtschaftsberichterstattung wird auch international von den Vereinten Nationen, der Weltbank und der EU-Kommission eingefordert und unterstützt.

Das vorliegende *essential* ist der Fragestellung gewidmet, wie Biodiversität und Ökosystemleistungen in die Wirtschaftsberichterstattung auf staatlicher und unternehmerischer Ebene einfließen kann. Es ist im Rahmen des Projekts „Wertschätzung von Biodiversität – Zur Modernisierung der Wirtschaftsberichterstattung in Deutschland" (Bio-Mo-D, https://bio-mo-d.ioer.info/) entstanden. Bio-Mo-D wurde vom Bundesministerium für Bildung und Forschung (BMBF) im Rahmen der „Initiative zum Erhalt der Artenvielfalt" (FEdA) gefördert. Ziel des Forschungsprojektes ist es, Führungskräften aus Wirtschaft, Politik und Gesellschaft Informationen an die Hand zu geben, um integrierte, ökologisch nachhaltige Entscheidungen treffen zu können – und damit der Natur, messbar über Kennzahlen zur biologischen Vielfalt und zu Ökosystemleistungen, eine höhere Wertschätzung entgegenzubringen.

In Bio-Mo-D hat sich ein Team an interdisziplinären Forscherinnen und Forschern mit Praxispartnern aus der Wirtschaft zusammengeschlossen. Unterstützt werden das Projekt und seine Ziele durch staatliche Institutionen wie das Bundesamt für Naturschutz (BfN), das Umweltbundesamt (UBA), das Statistische Bundesamt (StBA), das Johann Heinrich von Thünen-Institut sowie durch Organisationen wie die Capitals Coalition und die EU Business & Biodiversity Platform. Dafür sei diesen Institutionen herzlich gedankt.

Das Thema „Modernisierung der Wirtschaftsberichterstattung" konnte im Projekt durch zahlreiche Fachgespräche und Workshops ein gutes Stück ausdifferenziert und vorangebracht werden. Allen, die auf diese Weise zu den Inhalten dieses *essentials* beigetragen haben, möchten die Autoren danken. Der Dank gilt insbesondere den weiteren Team-Mitgliedern des Bio-Mo-D Projekts, vor allem Kai Neumann, Christine Henseling und Marguerite Sievi.

Dresden   Das Autorenteam
Berlin
Leipzig
im März 2024

Inhaltsverzeichnis

Dr. habil. Karsten Grunewald ist Projektleiter am Leibniz-Institut für ökologische Raumentwicklung (IÖR), Weberplatz 1, 01217 Dresden, k.grunewald@ioer.de

Er ist Herausgeber des deutschen Standardwerks zu Ökosystemleistungen (https://link.springer.com/book/10.1007/978-3-662-65916-8). 2022 wurde er über das Projekt HeatResilientCity mit dem Deutschen Nachhaltigkeitspreis Forschung ausgezeichnet.

Dipl.-Verw.Wiss. Roland Zieschank ist Projektleiter am Institut für Zukunftsstudien und Technologiebewertung (IZT), Schopenhauerstr. 26, 14129 Berlin, r.zieschank@izt.de

Er befasst sich insbesondere mit Stakeholder- und Politikfeldanalysen, Indikatoren einer erweiterten Wohlstandsberichterstattung sowie Wissenstransferstrategien.

Dr. Johannes Förster (johannes.foerster@ufz.de) ist Senior Scientist am Helmholtz-Zentrum für Umweltforschung GmbH (UFZ), Permoserstr. 15, 04318 Leipzig. Er arbeitet an der Schnittstelle von Wissenschaft, Politik und Unternehmen mit Fokus auf Klima, Biodiversität und Ökosystemleistungen sowie deren finanzielle Bedeutung. Er bringt seine Expertise in die Nachhaltigkeitsberichterstattung und -strategieentwicklung ein, z. B. in Kooperationen mit Value Balancing Alliance, Vereinte Nationen (z. B. TEEB-Studie) und IUCN.

Prof. Dr. Bernd Hansjürgens ist Professor für Volkswirtschaftslehre, insbesondere Umweltökonomik, an der Martin-Luther-Universität Halle-Wittenberg und Leiter des Themenbereichs ‚Umwelt und Gesellschaft' am Helmholtz-Zentrum für Umweltforschung (UFZ), Permoserstr. 15, 04318 Leipzig, bernd.hansjuergens@ufz.de.

Er war Studienleiter des Vorhabens Naturkapital Deutschland – TEEB DE und Mitglied der Arbeitsgruppe „Biodiversitätskrise" der Leopoldina (2019). Seit 2019 ist er ebenso Mitglied des Gründungsbeirats „Artenvielfalt des BMBF".

Tobias M. Wildner (tobias-maximilian.wildner@ufz.de) ist Experte für Sustainable Finance am Helmholtz-Zentrum für Umweltforschung (UFZ), Berater der EFRAG (European Financial Reporting Advisory Group), der Europäischen Kommission sowie zahlreicher Unternehmen und Interessenverbände. Er beschäftigt sich hauptsächlich mit der Messung und Bewertung von Natur im Kontext regulatorischer Anforderungen sowie aus einer Finanz- und Risikomanagementperspektive.

Natur in die Wirtschaftsberichterstattung bringen

Roland Zieschank, Karsten Grunewald, Bernd Hansjürgens, Johannes Förster und Tobias M. Wildner

Der wirtschaftliche und soziale Wohlstand eines Landes hängt entscheidend von einer intakten, artenreichen Natur ab. Doch der wahre Wert des Naturvermögens und funktionierender Ökosysteme wird noch zu häufig unterschätzt – im Bewusstsein vieler Menschen ebenso wie in volkswirtschaftlichen Berichtssystemen und Unternehmensbilanzen. Aber es zeichnen sich Fortschritte ab. Aktuelle wissenschaftliche Erkenntnisse und geplante sowie bereits beschlossene Regulierungen auf internationaler Ebene bringen eine neue Dynamik in die ökologische Erweiterung staatlicher und privater Bilanzierungen.

1.1 Eine seriöse Rechnung aufmachen

Mit den spürbaren Folgen des weltweiten Klimawandels, der zunehmenden Inanspruchnahme sowie Belastung natürlicher Ökosysteme und einer dramatischen Artenverarmung wächst die Dringlichkeit einer Kehrtwende (siehe bereits MEA 2005). In vielen Staaten, besonders aber in Deutschland, hat der Naturschutz eine lange Tradition. Zugleich kamen in den letzten Jahren internationale und nationale Strategien zum Schutz der Biodiversität hinzu. Dennoch, es scheint keine Verbesserung im Bereich des Artenschwunds und des Verlustes landschaftlicher Vielfalt stattzufinden (CBD 2022a; OECD 2023).

Politische Entscheidungen, aber auch unternehmerisches Handeln stehen im Brennpunkt. Einerseits werden sie von vielen gesellschaftlichen Gruppen zunehmend kritisch hinterfragt und es wird die Wahrung ökologischer Verantwortung

K. Grunewald et al., *Die Zukunft der Wirtschaftsberichterstattung*, essentials, https://doi.org/10.1007/978-3-658-44686-4_1

eingefordert. Andererseits formiert sich nicht nur im Agrarbereich zunehmender Widerstand gegen vermeintlich „nur" umweltpolitische Programmatiken.

Es geht angesichts dieser Lage darum, eine seriöse „Rechnung" aufzumachen. Welche Folgen haben die vielfältigen wirtschaftlichen Aktivitäten auf die Qualität von Ökosystemen und deren Biodiversität? Welche Form des Wachstums ist noch möglich, ohne die Lebensgrundlagen gleichzeitig zu untergraben? Bei genauerem Hinsehen geht der Blick gleich in eine doppelte Leere, denn erstens ist über Einzelfälle hinaus nicht bekannt, welche Risiken sich flächenübergreifend aus dem Verlust von Biodiversität für Wirtschaft und Gesellschaft ergeben. Zum Zweiten: Auch die Erhaltung und sogar Verbesserung gesellschaftlichen Wohlergehens sowie des Wohlstands durch *Leistungen* der Natur werden in der Regel unterschätzt, sowohl in ihrer Bedeutung wie eben auch monetär (Beispiele u. a. in Naturkapital Deutschland – TEEB-DE 2018; konzeptionell in Lutz et al. 2015).

Wir sehen einen zentralen Hebel transformativen Wandels in der Modernisierung der Wirtschaftsberichterstattung. Eine neue ökologisch-ökonomische Berichterstattung auf staatlicher und unternehmerischer Ebene stellt nicht nur wichtige neue Informationen für Entscheidungsprozesse bereit, sondern eröffnet auch gedanklichen Raum und mehr gesellschaftliche Akzeptanz für ein neues Verständnis von gesellschaftlichem Wohlstand.

> **Klassische ökonomische Berichterstattungssysteme berücksichtigten Ökosysteme und deren Leistungen nur unzureichend. Diese Fehlstellen setzen für Politik und Entscheidungsträger falsche Signale**
> Die Entwicklung neuer Instrumente und Messkonzepte, die den Wert der Natur ausdrücken, wird als erfolgversprechender Ansatz gesehen, wirtschaftlichen Erfolg anders als bisher wahrzunehmen, nämlich unter Beachtung von Biodiversitätsrisiken und den Leistungen einer intakten Natur. Es braucht eine grundlegende Transformation der Wirtschaftsweise, um die biologische Vielfalt und funktionierende Ökosysteme, somit auch „Naturkapital", zu erhalten und der gemeinsamen Verantwortung aufgrund des wachsenden globalen wirtschaftlichen Austauschs gerecht zu werden.

Es mag gegenwärtig noch ungeahnt deutlich klingen: Nur Unternehmen, die auch die Konsequenzen ihres Handelns für die Ökosystemleistungen (ÖSL) und die Artenvielfalt in ihre Bilanzen aufnehmen, können sich das Vertrauen ihrer Kunden und Kooperationspartner erhalten und mit einem wirtschaftlichen Vorteil auf dem Finanzmarkt rechnen – abgesehen davon, dass viele Unternehmen natürlich auch selbst abhängig von sauberem Wasser, nachwachsenden Rohstoffen oder einer intakten Landschaft sind. Dazu müssen ökologische Werte erfasst und in standardisierter und vergleichbarer Form ausgewiesen werden. Das Gleiche gilt für die volkswirtschaftliche Berichterstattung auf nationaler Ebene (Zieschank und Diefenbacher 2019; Dasgupta 2021; Grunewald et al. 2022a; Förster et al. 2023).

1.2 Triebkräfte der Modernisierung

Seien es die Volkswirtschaftlichen Gesamtrechnungen, die Jahreswirtschaftsberichte der Bundesregierung, die Jahresgutachten des Sachverständigenrates zur Begutachtung der Gesamtwirtschaftlichen Entwicklung oder aber der ganz überwiegende Teil ökonomischer Modellierungen – sie alle kamen bislang weitgehend ohne Einbeziehung von Ökosystemen und deren Leistungen für die Gesellschaft aus. Gemeint sind gerade nicht die klassischen Ressourcen oder Rohstoffe, sondern *ökologische Funktionen* respektive Leistungen.

Je näher man sich mit diesen Berichtsformen befasst, umso verwunderlicher ist diese doppelte Ignoranz gegenüber induzierten Umweltschäden und (noch) vorhandenen Ökosystemleistungen, gerade im Hinblick auf den ansonsten in Politik und Wirtschaft häufig befürchteten Wohlstandsverlust. Denn auf Biodiversität und intakten Ökosystemen beruhen in industrialisierten Staaten nicht nur bis zu 50 % des Bruttoinlandsprodukts (WEF 2020), sondern auch weitere Leistungen, welche der Existenzsicherung und dem Wohlbefinden der Menschen sowie der kulturellen Entwicklung dienen. Es gibt jedoch auch eine positive Gegenbewegung, die sich *für* die Ausweisung von Natur in den Wirtschaftsberichten ausspricht.

Treiber einer Modernisierung von nationaler und betrieblicher Wirtschaftsberichterstattung sind vor allem:

- Alternative Wachstums- und Wohlstands-Diskurse (Stichwort „Beyond GDP")
- Biodiversitätsstrategien von internationalen Akteuren bzw. Institutionen
- Genuine Weiterentwicklungen innerhalb der Fachcommunity der Umweltökonomischen Gesamtrechnungen (Stichwort SEEA-EA)
- Unternehmerische (Natur-)Berichterstattung

Wichtige Faktoren für diese neueren Entwicklungen sollen im Folgenden kurz dargestellt werden:

Wohlstandsverständnis im Wandel
Auf internationaler Ebene nimmt die Erkenntnis zu, wirtschaftliches Produktivkapital, Naturkapital sowie Sozialkapital als ein Gesamtsystem zu betrachten; ein wichtiges Stichwort hier lautet „Wellbeing Society" (exemplarisch Brandt et al. 2022). Die Vereinten Nationen (UN), die Organisation for Economic Cooperation and Development (OECD), die Weltbank, darüber hinaus auch Teile der EU-Kommission sowie weitere einflussreiche Organisationen streben eine bessere Integration von *Ökosystemleistungen* und Biodiversität in die Wirtschafts- und Nachhaltigkeitsberichterstattung an. Das politische Umfeld sendet auch in Deutschland Signale, Wohlstand künftig anders gefasst messen und bewerten zu wollen (BMUV 2023; JWB 2024).

Einer der Meilensteine auf diesem Weg war die von der EU-Kommission initiierte internationale Konferenz „Beyond GDP" im Jahr 2007, deren Ergebnisse sich mit Verzögerungen in internationalen Institutionen bemerkbar machten: Veröffentlichte die Weltbank noch 2011 ihren Bericht unter der Überschrift „The Wealth of Nations", veränderte sich ihre Position mit der Studie „The Changing Wealth of Nations" von 2018 grundlegend. Hinzu kam ein neues Verständnis der Erfassung von Wohlstand mittels zusätzlicher Indikatoren einer Green Economy: Etwa im Rahmen der OECD Initiativen zu Green Economy oder des UN Umweltprogramms UNEP (2018), Stichwort: Green Performance Indicators.

Internationale Biodiversitätsstrategien
Zentrale Befürworter für die Einbeziehung von Biodiversität und Ökosystemleistungen in gesellschaftliche Berichtsysteme sind die wissenschaftlichen und politischen Akteure der CBD (Convention of Biodiversity). Der Weltbiodiversitätsrat IPBES sieht die Notwendigkeit eines umfassenderen Monitorings von Biodiversität. Seit 2015 diskutieren neben der deutschen IPBES-Koordinierungsstelle auch andere nationale Akteure, darunter insbesondere die Dialog- und Aktionsplattform „Unternehmen Biologische Vielfalt – UBi", die Rolle der Wirtschaft im IPBES-Prozess.

Insgesamt lässt sich konstatieren, dass aus der Erkenntnis, Notwendigkeit und Motivationslage einer Erhaltung der Biodiversität eine Reihe weiterer Initiativen resultierten: Auf internationaler und EU-Ebene gab es schon länger politische Zielfestlegungen, die eine Einbeziehung von Ökosystemen vor allem in staatliche Bilanzierungs- und Berichtsysteme nahelegen (z. B. die SDGs für 2030). Diese wurden auch in dem neuen globalen Post-2020-Rahmen für Biodiversität (CBD 2022b) aufgegriffen und werden von verschiedenen Organisationen wie der UN, der International Union for Conservation of Nature (IUCN) sowie auf EU-Ebene vorangetrieben.

Weiterentwicklung der Umweltökonomischen Gesamtrechnungen (UGR)
Die Verwendung von Informationen zu Ökosystemleistungen im Rahmen einer Erweiterung der UGR in Deutschland ist vielversprechend. Man trägt hier vor allem der internationalen Dynamik Rechnung, die durch das nun vorliegende UN Statistiksystem zum Ecosystem Accounting gespeist wird (United Nations et al. 2021, Kap. 3). Dies hat für die weitere Ausarbeitung und Gestaltung von Ökosystembilanzierungen in Deutschland maßgebliche Bedeutung. Mit der Erweiterung der EU-Verordnung 691/2011 (statistische Berichtspflichten für EU-Mitgliedsstaaten) um zusätzliche Anhänge wird die Datengewinnung und -dokumentation sowie ihre methodische Verarbeitung in den Mitgliedsstaaten angepasst. Sie beinhaltet auch Neuerungen zu Ergebnissen der Waldgesamtrechnung, den umweltbezogenen Subventionen und ähnlichen Transferzahlungen sowie – hier bedeutsam – den Ökosystemrechnungen des Statistischen Bundesamtes, welche für Deutschland ab 2026 avisiert werden.

Diese Prozesse signalisieren nicht allein ein erweitertes Verständnis innerhalb der Fachwelt der statistischen Organisationen, sondern die getroffenen Regelungen konsolidieren gleichzeitig die Wichtigkeit des Themas auch beim Statistischen Bundesamt. Über die Mitgliedschaft im UN Committee of Experts on Environmental-Economic Accounting (UNCEEA) und der London Group on Environmental Accounting sowie der intensiven Zusammenarbeit mit Eurostat werden wiederum die Arbeiten des Statistischen Bundesamtes in einem internationalen Rahmen sichtbar.

Unternehmerische Berichterstattung
Nachhaltigkeitsberichte von Unternehmen zielen darauf ab, Klarheit über den sozialen und ökologischen Fußabdruck eines Unternehmens zu gewinnen und es an Nachhaltigkeitszielen auszurichten. Viele Unternehmen haben damit begonnen, ihre Nachhaltigkeits- und Geschäftsberichte in einem integrierten Report zusammenzuführen. Auf diese Weise ergeben sich weitreichende Möglichkeiten, die Wechselwirkungen zwischen der wirtschaftlichen Leistung des Unternehmens und dem Umgang mit den natürlichen und sozialen Ressourcen transparent herauszuarbeiten.

Neben einigen Vorreitern aus dem Bereich der Gemeinwohlökonomie sowie umweltorientierter Beratungsnetzwerke hat die Value Balancing Alliance (VBA, https://www.value-balancing.com) eine Pionierrolle übernommen, durchaus schon vor dem Inkrafttreten internationaler Regelwerke. Die VBA hat mit ihren Mitgliedsunternehmen eine standardisierte Methodik erarbeitet, um ihre wirtschaftlichen, sozialen und ökologischen Wertbeiträge so darzustellen, dass diese mit den Leistungen anderer Unternehmen vergleichbar werden. Auf diese Weise erfahren

innerbetriebliche Akteure und außerbetriebliche Stakeholder, wo das Nachhaltigkeitsmanagement eines Unternehmens im Marktvergleich steht und auf welchen
Handlungsgebieten es welchen Steuerungsbedarf gibt.

Im Rahmen ihres europäischen Green Deal und insbesondere mit der Einführung
der *Non-Financial Reporting Directive* (NFRD) im Jahr 2017 hat die Europäische
Union eine führende Rolle bei der Standardisierung einer verpflichtenden Nachhaltigkeitsberichterstattung für Unternehmen übernommen (Breijer und Orij 2022).
Die EU-Kommission hat im November 2022 einen rechtsverbindlichen Rahmen
für Unternehmen beschlossen, die Corporate Sustainability Reporting Directive
(CSRD, Kap. 4). Danach werden künftig rund 40.000 Unternehmen in der EU,
davon rund 15.000 in Deutschland, die Risiken, Abhängigkeiten und Auswirkungen auf die biologische Vielfalt regelmäßig überwachen, bewerten und transparent
offenlegen müssen. So ergeben sich auch entsprechende Anhaltspunkte entlang der
Liefer- und Wertschöpfungsketten. Die Herausforderung besteht darin, die Komplexität von Biodiversität und Ökosystemleistungen für Unternehmen handhabbar
zu machen, sodass sich daraus sinnvolle Handlungsempfehlungen ableiten lassen
(Förster et al. 2023).

Karsten Grunewald, Johannes Förster, Bernd Hansjürgens, Tobias M. Wildner und Roland Zieschank

Die wichtigsten Begriffe im Politikfeld „Modernisierung der Wirtschaftsberichterstattung" werden im Folgenden alphabetisch aufgeführt und erklärt.

Biodiversität oder biologische Vielfalt Gemäß dem Übereinkommen über biologische Vielfalt (CBD) ist sie definiert als „die Variabilität unter lebenden Organismen jeglicher Herkunft, darunter Land-, Meeres- und sonstige aquatische Ökosysteme und die ökologischen Komplexe, zu denen sie gehören. Dies umfasst die Vielfalt innerhalb der Arten und zwischen den Arten und die Vielfalt der Ökosysteme" (CBD 2010). In der deutschen Rechts- und Planungspraxis ist insbesondere der Biotopbegriff maßgeblich (§ 30 BNatSchG „Gesetzlich geschützte Biotope"), teils werden die Begriffe Ökosystem, Biotop und Habitat aber auch synonym verwendet.

Da die Vielfalt an Ökosystemen, Lebensgemeinschaften und Landschaften Teil der Biodiversität ist, werden Ökosystemleistungen und Biodiversität oft in einem Atemzug genannt (z. B. The Economics of Ecosystems and Biodiversity, TEEB 2009). Die biologische Vielfalt unterstützt das „Funktionieren der Ökosysteme", kann aber auch als eigenständige ÖSL definiert werden, die zum Wohlbefinden der Menschen beiträgt.

Governance Beinhaltet das Gesamtsystem von Institutionen, öffentlichen wie privaten Akteuren, formellen wie informellen Steuerungsprozessen sowie verbindliche und freiwillige Regelungsinstrumente zum Umgang mit Nachhaltigkeitsproblemen (Pattberg und Widerberg 2015).

Ziel 3 der EU-Biodiversitätsstrategie für 2030 schlägt einen neuen Governance-Rahmen vor, um die Umsetzung der auf nationaler, europäischer oder internationaler

© Der/die Autor(en) 2024

K. Grunewald et al., *Die Zukunft der Wirtschaftsberichterstattung*, essentials,
https://doi.org/10.1007/978-3-658-44686-4_2

Ebene eingegangenen Verpflichtungen zu steuern. Ein starker Fokus ruht auf dem Engagement der Unternehmen für Biodiversität durch eine Initiative für nachhaltige *Corporate-Governance,* d. h. der Überprüfung der Berichtspflichten von Unternehmen (EU-Kommission 2020).

Greenwashing Leere Produktversprechen, die das Anliegen untergraben, Produkte und Konsum in reellen Einklang mit Nachhaltigkeit zu bringen. Falsche Umweltaussagen oder irreführende Umweltsiegel sollen durch höhere Anforderungen an Klarheit, Eindeutigkeit, Richtigkeit und Nachprüfbarkeit von Berichten und Regulierungen vermieden werden.

Grüne Ökonomie *(Green Economy)* Eine Wirtschaft, die zu einem größeren Wohlstand der Menschen eines Landes und zu mehr sozialer Gerechtigkeit führt und gleichzeitig ökologische Risiken und Ressourcenknappheit verringern beziehungsweise nachhaltig zu bewirtschaften hilft (Lutz et al. 2015). Mit „Grüne Finanzen" *(Green Finance,* auch *Sustainable Finance)* werden Finanzierungsformen umschrieben, die dazu dienen sollen, Nachhaltigkeit zu fördern (GSK Update 2019).

Nachhaltigkeitsberichterstattung Informiert v. a. über ökologische und soziale Aspekte und komplementiert somit die bereits etablierte Finanzberichterstattung zu wirtschaftlichen Aspekten, wobei die Einhaltung sog. „planetarer Grenzen" zunehmend als grundlegender Handlungsrahmen anerkannt wird. Sie beinhaltet eine externe und interne Kommunikation über Nachhaltigkeitsstrategien. Unternehmen berichten in diesem Kontext sowohl über die wesentlichen Auswirkungen ihrer Tätigkeiten auf Mensch und Umwelt als auch über die wesentlichen Auswirkungen der Nachhaltigkeitsaspekte auf das Unternehmen.

Naturkapital *(Natural capital)* Metapher für biotische und abiotische Bestandteile der Erde. Im weiteren Sinne werden Ökosysteme, Biodiversität und natürliche Ressourcen darin eingeschlossen. Es soll die Verbindung zwischen Natur und Wirtschaft bzw. die Schaffung von Werten für die menschliche Gesellschaft aufgrund des Zustandes und der Prozesse der Natur zum Ausdruck gebracht werden. Wie das Sachkapital erbringt das Naturkapital als Bestandsgröße Leistungen für Menschen und Wirtschaft (Common und Stagl 2005; Kumar 2010; Lutz et al. 2015). Naturkapital, bspw. die Wasserverfügbarkeit, stellt eine „kritische Infrastruktur" für die Wirtschaft dar.

Das Statistische Bundesamt verwendet den Begriff **„Naturvermögen"** im Kontext der Umweltökonomischen Gesamtrechnungen (UGR). Naturvermögen und

ÖSL ermöglichen zumindest die Assoziation an die eigenständigen Kräfte bzw. das Vermögen der Natur, das Netz des Lebens aufrecht zu erhalten.

Ökosystem Begriff zur pragmatischen Betrachtung ökologischer Einheiten (Jax 2016). Ein Ökosystem umfasst das Beziehungsgefüge der Lebewesen untereinander und deren anorganische Umwelt. Im weniger abstrakten Sinn wird ein Ökosystem durch seine Lebensgemeinschaft (Biozönose) und deren Lebensraum (Biotop) gekennzeichnet (Ellenberg et al. 1992). Das Ökosystemkonzept umfasst mehrere hierarchische Ebenen und kann prinzipiell eine breite Palette von Ökosystemen identifiziert und kartiert werden, von kleinmaßstäbigen Biomen und Ökoregionen bis zu großmaßstäbigen Lebensräumen und Biotopen (Grunewald et al. 2020).

Ökosystemleistungen (ÖSL) Güter und Leistungen, die von der Natur erbracht und vom Menschen genutzt werden. Nach dem Millennium Ecosystem Assessment (MEA 2005) sind dies Versorgungsleistungen (z. B. Bereitstellung von Nahrung), Regulationsleistungen (z. B. Erosionsschutz) und kulturelle Leistungen (z. B. für den Tourismus). Außerdem bilden Basisleistungen (wie Bodenbildung) die Grundlage für diese ÖSL-Kategorien. Auf diesen Leistungen basieren lebensnotwendige Wohlfahrtswirkungen für den Menschen wie Versorgungssicherheit mit Nahrungsmitteln und sauberem Wasser oder Schutz vor Naturgefahren, d. h., sie erbringen einen direkten oder indirekten wirtschaftlichen, materiellen, gesundheitlichen oder psychischen Nutzen. Innerhalb des Wechselverhältnisses von Angebot und Nachfrage thematisiert das ÖSL-Konzept neben der Angebotsseite (nutzenstiftende Eigenschaften der Natur für das menschliche Wohlbefinden), die auch vom Potenzial- und Funktionsbegriff bedient wird, mehr die Nachfrageseite und differenziert Akteure, Nutznießer von Leistungen sowie Verursacher von Belastungen. Die gesellschaftliche Wertschöpfung soll über das ÖSL-Konzept gewichtet und auch, aber nicht nur, monetär bewertet werden (Kosten-Nutzen-Kalkül), um sich auch aus wirtschaftlichen Gründen für den Erhalt der Natur einzusetzen (Grunewald und Bastian 2023).

Ökosystem-Accounting (Ecosystem Accounting) Ziel ist es, die vielfältigen Leistungen der Natur für die Gesellschaft zu erfassen, zu dokumentieren und öffentlich zugänglich zu machen, damit sie in Entscheidungsprozessen integriert werden können. Aus Sicht der amtlichen Statistik handelt es sich beim Ökosystem-Accounting um ein „objektives buchhalterisches System", das kohärente Daten zum Ausmaß, dem Zustand und den Leistungen der Ökosysteme des Landes enthält. Das Statistische Bundesamt spricht von **„Ökosystemrechnungen"** als deutsches Pendant zum englischen ecosystem accounting. Die Wahl der Indikatoren und Methoden kann sich zwischen „national accounts" (nationale Berichterstattung) und „corporate accounts" (Unternehmensbilanzierung) unterscheiden. Die von Menschen genutzten Ökosystemleistungen werden im Accounting als jährliche Flussgrößen (*„flows"*) verstanden und können eventuell monetär bewertet werden.

Ressourcen Im engeren Sinne Rohstoffe und Energieträger, im weiteren Sinne die natürlichen Lebensgrundlagen des Menschen, wie Luft, Wasser, Boden, Flora, Fauna und die Wechselwirkungen untereinander. Natürliche Ressourcen werden in erneuerbare und nicht-erneuerbare eingeteilt.

Das Naturvermögen bzw. das Naturkapital umfasst die abiotischen, „klassischen" Ressourcen wie fossile Rohstoffe, Erze oder Gesteine, aber auch den Umfang und die Qualität von Ökosystemen sowie die Biodiversität. Der „Externalisierung" von Natur in den Volkswirtschaftlichen Gesamtrechnungen und vielen ökonomischen Modellen wurde durch die Berücksichtigung des Ressourcenverbrauchs in den Umweltökonomischen Gesamtrechnungen teilweise begegnet. Jedoch zeichnet sich erst langsam ein ganzheitlicheres Verständnis ab, welches auch Ökosysteme und deren Leistungen als natürliche Lebensgrundlage und Quelle eines nicht nur materiellen Wohlstands versteht (Jessel et al. 2009; Europäische Kommission 2019; Zieschank et al. 2021).

Somit geht das ÖSL-Konzept über den klassischen Ressourcenbegriff hinaus, insbesondere, wenn es um sozio-kulturelle Leistungen der Natur und um Wertschätzung von Biodiversität als Grundlage von/für ÖSL geht.

Taxonomie Bei der EU-Taxonomie geht es vor allem darum, ökonomische Aktivitäten nach ihrer Nachhaltigkeit zu kategorisieren, um es somit institutionellen aber auch privaten Investoren zu ermöglichen, ihre Finanzmittel im Sinne einer nachhaltigen Transformation der Wirtschaft zur Verfügung zu stellen.

Transformation IPBES (2019) definiert transformativen Wandel als „eine fundamentale, systemweite Re-Organisation über technologische, ökonomische und soziale Faktoren hinweg, einschließlich der Paradigmen, Ziele und Werte." Eine sozial-ökologische, aber auch wirtschaftliche Transformation wird derzeit zunehmend in den Fokus gerückt, um dem Wandlungsprozess mehr Gewicht, mehr Tiefe und Tempo zu verleihen (WBGU 2011; Hölscher et al. 2018; Wunder et al. 2019). Der Begriff ist semantisch deutlich radikaler als jener der nachhaltigen Entwicklung (Brand 2021). Es geht bei der Transformation um eine radikale Veränderung und ein Durchbrechen der vorhandenen Pfadabhängigkeiten. Bestehende Systeme, Institutionen und Praktiken werden infrage gestellt, verändert und/oder ersetzt (UBA 2020).

Unternehmensberichterstattung Der Zweck der Rechnungslegung und Berichterstattung über unternehmerische Aktivitäten, ihre Folgen und Abhängigkeiten besteht darin, relevante Prozesse oder Sachverhalte in einer Weise darzustellen, die für die Nutzer der Informationen transparent und verständlich sind und sie letztendlich dazu befähigt, bessere Entscheidungen zu treffen (Coffie et al. 2018). Während eine fundierte und informative Finanzberichterstattung vor allem für Kapitalgeber und den Staat in seiner Doppelrolle als Fiskal- und Regulierungsbehörde von Interesse ist, befasst sich die Nachhaltigkeitsberichterstattung in erster Linie mit gesellschaftlichen Herausforderungen und Abhängigkeiten. Diese Themen haben oft keine unmittelbaren oder kurzfristigen Auswirkungen auf die finanziellen Ergebnisse eines berichtenden Unternehmens und werden daher zum überwiegenden Teil nicht von der traditionellen und weltweit seit Jahrhunderten etablierten Finanzberichterstattung berücksichtigt (Wildner et al. 2022).

Werte Sind im Kant'schen Sinne das, was man hoch schätzt, was man achtet, was uns teuer ist. Gesellschaften sind stets auch Wertegemeinschaften, d. h. eine Gesellschaft ohne Wertsetzungen ist nicht denkbar. Menschen fühlen sich von Werten und an Werte gebunden. Werte beeinflussen Wünsche, Interessen und Präferenzen. Sie sind stets kulturell und sozial kontextgebunden und werden in pluralistischen Gesellschaften „strittig ausgehandelt". Neben ökonomischen Werten bestehen ökologische Werte (basierend auf ökologischer Nachhaltigkeit/Tragfähigkeit) und soziokulturelle Werte (basierend auf Gerechtigkeit und Wahrnehmung sowie ethischen Abwägungen). Folglich ist der Wert eines Ökosystems nicht mit einem „Preis" gleichzusetzen, sondern der Wertbegriff wird weiter gefasst im Sinne von Geltung, Bedeutung oder Wichtigkeit.

Wirtschaftsberichterstattung (national, volkswirtschaftliche Ebene) hat traditionell die Funktion, Marktteilnehmern Informationsgrundlagen für ihre Entscheidungen zu bieten. Der Informationsbedarf der Nutzer variiert einerseits nach den Märkten, an denen sie als Anbieter oder Nachfrager teilnehmen, andererseits nach dem benötigten Auflösungsgrad und der verarbeitbaren Information. Zu den Adressaten der Wirtschaftsberichterstattung gehören Investoren, Unternehmen und Verbraucher (Schröder 2006) sowie auch politisch-administrative Akteure (JWB).

Im Jahreswirtschaftsbericht berichtet die Bundesregierung über ihre aktuellen wirtschaftspolitischen Prioritäten. Dieser enthält ein Kapitel mit Punkten zu einer neuen Wohlfahrtsberichterstattung, die nachhaltiges und inklusives Wachstum – Dimensionen der Wohlfahrt – messbar machen soll (JWB 2024). Denn bisher gilt oft allein das **Bruttoinlandsprodukt (BIP)** als zentraler Wirtschaftsindikator. Das BIP pro Kopf ist ein Maß für auf Märkten und in monetären Größen abgewickelte wirtschaftliche Aktivitäten. Güter und Dienstleistungen, die keine Marktpreise besitzen, aber real getauscht werden oder das Wohlergehen von Menschen jenseits eines Marktes fördern, wie die meisten ÖSL, werden im BIP nicht erfasst. Zudem führt ein steigendes BIP ab einem bestimmten Niveau keineswegs automatisch zu einer Steigerung des subjektiven Wohlbefindens (was von Inglehart bereits 2008 konstatiert wurde).

Ökosystemleistungen und Biodiversität: Welche Informationen sind auf nationaler Ebene verfügbar?

3

Karsten Grunewald

Ökosystemleistungen (ÖSL) sind für die Gesellschaft und die Wirtschaft wertvoll. Sie werden jedoch durch traditionelle statistische Berichtssysteme, insbesondere die Volkswirtschaftlichen Gesamtrechnungen, nur teilweise und indirekt erfasst. Die Ökosystemrechnungen des Statistischen Bundesamtes (StBA) werden diese Lücke sukzessive füllen und geben damit den Leistungen der Natur einen Stellenwert. Sie bauen auf Forschungsarbeiten verschiedener Institutionen auf, die ebenfalls Informationen zu Ökosystemen und deren Leistungen einschließlich der Biodiversität bereitstellen. Die Ergebnisse können in die politische und wirtschaftliche Entscheidungsfindung eingebunden werden, sollen die breite Öffentlichkeit ansprechen sowie Grundlage für wissenschaftliche Analysen bieten.

3.1 Initiativen und Meilensteine der Informationsgewinnung

Das Konzept der Ökosystemleistungen (ÖSL) hielt im Laufe der 1990er-Jahre Einzug in die Umweltdiskussion. Neben viel beachteten Publikationen, vor allem de Groot (1992), Daily (1997) und Costanza et al. (1997), waren u. a. das Millennium Ecosystem Assessment (MEA 2005), die TEEB-Studie – The Economics of Ecosystems and Biodiversity (TEEB 2009) sowie der zur 10. Vertragsstaatenkonferenz der Biodiversitätskonvention (CBD 2010) beschlossene Strategische Plan 2011–2020 wichtige Meilensteine zur Verbreitung dieses Konzepts.

© Der/die Autor(en) 2024
K. Grunewald et al., *Die Zukunft der Wirtschaftsberichterstattung*, essentials,
https://doi.org/10.1007/978-3-658-44686-4_3

13

Ziel des ÖSL-Konzepts ist es, ökologische Leistungen besser in Entscheidungsprozessen zu berücksichtigen und eine nachhaltige Landnutzung zu gewährleisten, um der Überbeanspruchung und Degradation der natürlichen Lebensbedingungen entgegenzuwirken. Eine Implementierung von ÖSL in Entscheidungsgrundlagen setzt entsprechend geeignete Informationen voraus. Forschungsansätze zu Ökosystemfunktionen und Biodiversität mit dem menschlichen Wohlbefinden zu verknüpfen, bietet die Möglichkeit, Brücken zwischen wissenschaftlichen Fachdisziplinen und politischen Sektoren zu bilden (Grunewald und Bastian 2023).

Im Folgenden werden wichtige Etappen der Informationsgewinnung von Daten zu Biodiversität und Ökosystemleistungen mit Fokus Deutschland umrissen:

- Das Projekt **„Naturkapital Deutschland – TEEB-DE"** (http://www.naturk apital teeb.de) hatte zum Ziel, anhand von Beispielen Leistungen und Werte der Natur für Deutschland aufzuzeigen und Vorschläge zu erarbeiten, wie Naturkapital besser in private und öffentliche Entscheidungsprozesse integriert werden kann. Dazu sind u. a. Berichte zu den Themen: Biologische Vielfalt und Klimapolitik, ÖSL und die Entwicklung ländlicher Räume, Naturleistungen in der Stadt sowie ein Syntheseberich mit Handlungsoptionen erarbeitet worden. Aufbauend darauf zielte das Vorhaben „Mainstreaming Naturkapital Deutschland" unter Federführung der Deutschen Umwelthilfe (DUH) darauf ab, den Wert der Natur und die Bedeutung von ÖSL in Deutschland für Entscheidungsträger der Politik und Verwaltung sowie Interessensgruppen sichtbarer zu machen (https://www.natur-ist-unser-kapital.de/).
- Die **EU-Biodiversitätsstrategie 2020** rief in Maßnahme 5 explizit zur Verbesserung der Kenntnisse über Ökosysteme und Ökosystemleistungen auf: Dort heißt es: „Die Mitgliedstaaten werden mit Unterstützung der Kommission den Zustand der Ökosysteme und Ökosystemleistungen in ihrem nationalen Hoheitsgebiet bis 2014 kartieren und bewerten, den wirtschaftlichen Wert derartiger Dienstleistungen prüfen und die Einbeziehung dieser Werte in die Rechnungslegungs- und Berichterstattungssysteme auf EU- und nationaler Ebene bis 2020 fördern" (Europäische Kommission 2011).
- Diese Vorgabe hatte enorme Aktivitäten hinsichtlich eines **Ökosystem-Assessments** in den EU-Staaten ausgelöst, koordiniert über die MAES-Arbeitsgruppe der EU (The Working Group on **Mapping and Assessment on Ecosystems and their Services – MAES**) und das ESMERALDA-Projekt (www.esmeralda-project.eu), unterstützt durch die Europäische Umweltagentur (EEA).

- Die deutschen Umweltbehörden (Bundes-Umweltministerium, Bundesamt für Naturschutz/Umweltbundesamt) hatten in diesem Zusammenhang verschiedene Forschungsvorhaben zur systematischen, flächendeckenden Erfassung, Bewertung und Kartierung von ÖSL (quantitativ, wiederholbar) auf nationaler Ebene auf den Weg gebracht. Neben der europäischen Zielsetzung ist dabei auch an eine Unterstützung der Umsetzung der Nationalen Biodiversitätsstrategie (BMU 2007) bzw. deren Neuausrichtung 2030 (BMUV 2023) gedacht worden.

Das Wissen und das methodische Instrumentarium zu ÖSL konnten folglich erheblich erweitert werden (z. B. Burkhard und Maes 2018; Grunewald und Bastian 2023; Vari et al. 2024). Der nationale MAES-Bericht ist nach langer behördlicher Abstimmung unter dem Titel „Nature under Pressure – Report on the state of ecosystems and their services for society and economy. German MAES Report on Target 2, Action 5 of the EU-Biodiversity Strategy 2020" erschienen (Schweppe-Kraft et al. 2023).

Inzwischen haben sich auch die methodischen und rechtlichen Rahmenbedingungen für neue Bilanzierungsverfahren zu Ökosystemen und deren Leistungen wesentlich verbessert: Die Statistik-Kommission der UN hat das konzeptionelle und methodisches Rahmenwerk **SEEA-EA (System of Environmental-Economic Accounting-Ecosystem Accounting,** United Nations et al. 2021) als internationalen statistischen Standard verabschiedet. Die Arbeiten erfolgten in Zusammenarbeit mit der Initiative „Wealth Accounting and the Valuation of Ecosystem Services" (WAVES) der Weltbank und dem Natural Capital Accounting and Valuation of Ecosystem Services (NCAVES) der EU. Die EU führt eine entsprechende Anpassung der Verordnung über europäische umweltökonomische Gesamtrechnungen (Nr. 691/2011, Anhang IX) durch und erweitert außerdem EU-Indikatorensysteme vor dem Hintergrund des „Green Deal" (Europäische Kommission 2019; European Commission 2022).

Initial wurden dazu vom Bundesamt für Naturschutz (BfN) ab 2017 die Pilotprojekte „Integration von Ökosystemen und Ökosystemleistungen in die Umweltökonomische Gesamtrechnung" und „Ökosystemleistungen und Umweltökonomische Gesamtrechnung – Digitales Assessment" beauftragt (https://www.ioer.de/projekte/accounting-ii/). Unterstützung für das deutsche Ecosystem Accounting bot zudem das EU-Horizon-2020-Projekt MAIA (https://maiaportal.eu).

Jüngst gab es einen weiteren Schub für das Ökosystem-Assessment/-Accounting: Auf der 15. Vertragsstaatenkonferenz des Übereinkommens über die biologische Vielfalt im Dezember 2022 haben fast 200 Staaten das **Global Biodiversity Framework (GBF)** beschlossen (CBD 2022). Mit der bereits 2020 verabschiedeten EU-Biodiversitätsstrategie 2030 und dem GBF existieren nun wichtige Rahmenwerke, die zum einen die Integration von Biodiversität und ÖSL in Wirtschaftsberichterstattungssysteme vorantreiben (Förster et al. 2023) und zum anderen solche neuen Informationen für Entscheidungsprozesse auf nationaler Ebene relevant machen (Zieschank und Grunewald 2023). Dies wird auch Eingang in die neue Nationale Biodiversitätsstrategie 2030 der Bundesregierung finden (BMUV 2023).

3.2   Ökosystemrechnungen des Statistischen Bundesamtes als neue Datenprodukte

Die Erfassung der Ökosysteme und deren Leistungen ist ein neuer Teil der bereits etablierten Umweltökonomischen Gesamtrechnungen (UGR), die die Wechselwirkungen zwischen Umwelt und Ökonomie, beispielsweise Umweltbelastungen durch die Wirtschaft, Erträge von Naturressourcen und den Wert von Umweltschutzmaßnahmen, abbilden (Felgendreher und Schürz 2023). Das SEEA-EA-Rahmenwerk definiert die Struktur und die Accounting-Methoden des neuen Berichtssystems, die konkrete Implementierung für den europäischen Kontext definiert die in 3.1 erwähnte Verordnung (EU) Nr. 691/2011 (EC 2022).

Aufbau und Struktur des SEEA Rahmens
Die Ökosystemrechnungen sind in Konten aufgebaut, die Ausmaß (Extent), Zustand (Condition) und Leistungen (Services; physisch und monetär) in Bilanzform darstellen (Abb. 3.1). Der Inhalt dieser Konten wird als Zeitreihe (dreijährlich für Ausmaß und Zustand, jährlich für Leistungen) auf vergleichbaren Aggregationseinheiten (Bund, Länder, Gemeinden) mit Anfangs- und Endbestand sowie Veränderung berichtet. Ausmaß und Zustand bilden als Bestandsgrößen die Grundlage, um die Flussgrößen – die Ökosystemleistungen – abzuleiten.

Der systemische Ansatz der Konten erlaubt zudem, Angebot und Nachfrage an ÖSL über die Zeit zu interpretieren, indem Informationen zum Ausmaß (z. B. zu renaturierten Flächen) und Zustand (z. B. Dürre) zu Rate gezogen werden. Somit soll die Interaktion zwischen Mensch und Natur inklusive Rückkopplungseffekten und Kipppunkten abgebildet werden (Felgendreher und Schürz 2023).

Gespeist werden die Konten der Ökosystemrechnungen durch eine Vielzahl von Datensätzen aus der Fernerkundung, Katastern sowie ökologischen Kartierungen und Monitoringsystemen. Eine Besonderheit und Grundbedingung dabei ist die explizit räumliche Struktur der Daten sowie deren zeitliche Konsistenz. Somit werden bundesweit alle Flächen als Ökosysteme miteinbezogen, und die statistischen

Extent Account	Condition Account	Service Account
Ökosysteme räumlich erfassen und darstellen	Zustand der Ökosysteme beschreiben	Ökosystemleistungen messen und bewerten

- Klassifikation
- Klassifizierung
- Tabellenkonto
- Ökosystemkarte

- Ökosystem - Charakteristiken
- Zustandsindikatoren

- Physische Bewertung
- Monetäre Bewertung
- Indikatoren und Themenkonten

Abb. 3.1 Aufbau der bundesweiten Ökosystemrechnungen. (Eigene Darstellung nach Bellingen et al. 2021; United Nations et al. 2021)

Ergebnisse sind nicht nur als Tabellenkonten, sondern auch als Karten darstellbar (Felgendreher und Schürz 2023).

Was steht im Jahre 2024 zur Verfügung?

Die Flächenbilanz der Ökosysteme (Ecosystem Extent Account) wurde vom Statistischen Bundesamt für die Zeitschritte 2015, 2018 und 2021 erstellt und geht nun in eine Dauerproduktion über. Die Basis der Flächenbilanz ist die nationale Ökosystemklassifikation. Die Klassifikation unterteilt Flächen anhand ökologischer und struktureller Eigenschaften und umfasst 74 Klassen, 21 Gruppen, 6 Abteilungen (terrestrisch und marin, Bellingen et al. 2021).

Der Ökosystematlas (https://oekosystematlas-ugr.destatis.de/) zeigt die Vielfalt und Verteilung der in Deutschland vorkommenden Ökosysteme. Sie werden auf Gemeinde-, Kreis- und Bundesländerebene dargestellt. Zusätzlich bietet der Atlas Übersichtskarten im Rasterformat (Auflösung 100 m) sowie eine Downloadfunktion für georeferenzierte Daten.

Die Zustandsbilanz der Ökosysteme (Ecosystem Condition Account) beschreibt den bundesweiten Zustand der Ökosysteme. Sie baut auf der Flächenbilanz der Ökosysteme auf und informiert über Leistungsfähigkeit, Stabilität, Integrität und Resilienz der Ökosysteme. Sie wurde erstmals 2023 veröffentlicht (Tabellen sowie ausgewählte Karten im Ökosystematlas[1]). Die Zustandstypologie orientiert sich an den Vorgaben des SEEA-EA und ermöglicht so eine internationale Vergleichbarkeit der Zustandsinformationen von Ökosystemen.

---

[1] Themenseite: https://www.destatis.de/DE/Themen/Gesellschaft-Umwelt/Umwelt/UGR/oekosystemgesamtrechnungen/_inhalt.html#_iztp6wyjx.

Tab. 3.1 zeigt – hier am Beispiel der Ökosystemabteilung „Wälder & Gehölze" – auf, welche Variablen verwendet wurden. In Steckbriefen werden zudem Informationen zu den einzelnen Ökosystemvariablen sowie zu deren Verarbeitung bereitgestellt.

Die Bilanzen ausgewählter Ökosystemleistungen (Ecosystem Services Account) befinden sich im Aufbau und werden – zunächst physisch, perspektivisch auch monetär – voraussichtlich im Jahr 2025 sukzessive veröffentlicht. Die Erfassung von sieben ÖSL werden durch die UGR-Verordnung EU-weit verpflichtend eingeführt (EC 2022): Bereitstellung von Holz und Kulturpflanzen, lokale und globale Klimaregulierung, Luftfilterung, Bestäubung und naturnaher Tourismus.

Tab. 3.1 Typologie und Variablen der Zustandsbilanzierung der Ökosysteme, dargestellt am Beispiel der Ökosystemabteilung „Wälder & Gehölze" (https://www.destatis.de/DE/Themen/Gesellschaft-Umwelt/Umwelt/UGR/oekosystemgesamtrechnungen/Publikationen/Downloads/methode-zustandsbilanzierung-5853202239004.pdf?__blob=publicationFile)

Struktur Zustandstypologie		Ökosystemvariable
Abiotisch	Abiotisch Physikalisch	Bodenfeuchte (Gesamtboden) + ungewöhnliche Trockenheit / Dürre
	Abiotisch Chemisch	Organischer Bodenkohlenstoff
		pH-Wert Boden
		Bodennahes Ozon
		Feinstaub (PM2,5)
Biotisch	Biotisch Kompositionell	Charakteristische Vogelarten
		Diversität der Hauptbaumarten
	Biotisch Strukturell	Kronendichte
		Totholzvorrat
	Biotisch Funktionell	Vegetationsindex NDVI
		Vegetationsperiode (Länge)
Belastung		Feuergeschädigte Fläche
Management		Geschützte Fläche
Zusatzdaten		Niederschlag
		Lufttemperatur
		Schneebedeckung

3.3 Informationsangebote weiterer Institutionen

Neben den Arbeiten des Statistischen Bundesamtes gibt es weitere Institutionen, die an Fragestellungen des Biodiversitäts- und Ökosystemleistungs-Accounting und den zugrunde liegenden Daten arbeiten. Forschungseinrichtungen, wie bspw. das Leibniz-Institut für ökologische Raumentwicklung (IÖR), das Helmholtz-Zentrum für Umweltforschung (UFZ) oder das Johann Heinrich von Thünen-Institut (Bundesforschungsinstitut für Ländliche Räume, Wald und Fischerei), spielen in dem Prozess der Informationsgenerierung eine wichtige Rolle, vor allem hinsichtlich der methodischen Entwicklung von Indikatoren zum Zustand und den Leistungen der Ökosysteme.

Überblick zur Datenlage auf nationaler Ebene

Bundesweit stehen in zunehmendem Maße frei zugängliche Daten zur Landnutzung bzw. Bodenbedeckung zur Verfügung. Sie sind teilweise in guter zeitlicher und räumlicher Auflösung erstellt und können eine wichtige Grundlage für anschließende Erhebungen zu ÖSL bilden (Grunewald et al. 2022b). CORINE Land Cover Daten (CLC) und das Programm „Land Use and Coverage Area frame Survey" (LUCAS) seien hier stellvertretend genannt.

Genauere Daten für die Auswertungen zu ÖSL bestehen zudem auf Ebene der Bundesländer, z. B. mit den Biotopkartierungen. Jedoch sind diese aufgrund unterschiedlicher Kartierschlüssel und -zeitpunkte oft nicht bundesweit vergleichbar. Zur Flächennutzung stellen das Digitale Basis-Landschaftsmodell (Basis-DLM) aus dem Amtlichen Topographisch-Kartographischen Informationssystem (ATKIS) und das Digitale Landbedeckungsmodell für Deutschland (LBM-DE) positive Ausnahmen dar.

Eine Reihe europa- oder bundesweiter Indikatorsysteme stellen regelmäßig Fachdaten zur Landschaftsentwicklung bereit, die zeitlich und räumlich vergleichbar im Rahmen von Monitoringaktivitäten erhoben werden und ebenfalls zur Quantifizierung von ÖSL-Teilaspekten auf nationaler Ebene nutzbar sind. Dazu gehören:

- Nachhaltigkeitsindikatoren der 17 UN-Nachhaltigkeitsziele (SDGs), die vom Bundesamt für Statistik (DESTATIS 2020) geführt und veröffentlicht werden.
- Länderinitiative Kernindikatoren (LiKi) der Arbeitsgemeinschaft von Umweltfachbehörden des Bundes und der Länder (LiKi 2020).
- Die Deutsche Anpassungsstrategie zum Klimawandel (DAS): (UBA 2019a).
- Die etwa 50 Umweltindikatoren des UBA mit Daten über Trends zum Umweltschutz (UBA 2020a).

- Die Nationale Strategie zur biologischen Vielfalt (NBS): (BMU 2007).
- Das „SEBI"-Indikatorenset der Europäischen Umweltagentur (EEA) zur EU-Biodiversitätsstrategie. Es listet insgesamt 34 Indikatoren auf, die von den Mitgliedsstaaten nach einheitlichen Verfahren erhoben werden (EEA 2020).

Ökosysteme Deutschlands

Die Ökosystemklassifizierung, -kartierung und -bilanzierung (Monitoring der Änderung der Fläche der Ökosysteme), die im Auftrag des BfN durch das IÖR erarbeitet wurde, stellt die Grundlage für die Bewertung der Ökosystemzustände und -leistungen dar (Grunewald et al. 2020). Sie basiert auf bundesweiten digitalen topographischen Daten, vor allem dem Landbedeckungsmodell (LBM-DE), das in 3-jährigem Rhythmus (2012–2015–2018–2021 etc.) aktualisiert wird, sowie auf europäischen Landnutzungs- bzw. Ökosystem-Klassifikationen (https://ioer-fdz.de/oekosysteme-deutschland).

Indikatoren des Ökosystemzustands

Zustände von Ökosystemen und die Ökosystemleistungen sind miteinander verknüpft, aber die Beziehung variiert zwischen verschiedenen Leistungen und ist oft nicht linear. Für viele Leistungen können Ökosysteme in besserem Zustand eine größere Quantität und Qualität der relevanten ÖSL unterstützen (für eine Meta-Analyse siehe Smith et al. 2017), was ein Argument für ein nachhaltiges Ökosystemmanagement darstellt. Die Beziehung zwischen dem Zustand von Ökosystemen und der Bereitstellung von Leistungen ist zentral für das Konzept der Ökosystemkapazität (United Nations et al. 2021).

Viele Daten und Zustandsindikatoren werden im Rahmen der sektoralen Umweltbeobachtung von Institutionen wie UBA, BfN, BfG, BGR oder den Thünen-Instituten erhoben. Der UFZ-Dürremonitor liefert bspw. täglich flächendeckende Informationen zum Zustand der Bodenfeuchte in Deutschland. (https://gdz.bkg.bund.de/index.php/default/duerreatlas.html). Der IÖR-Monitor (www.ioer-monitor.de) stellt aufbereitete Informationen zur Flächennutzung und deren Entwicklung sowie zur Landschaftsqualität für die Bundesrepublik Deutschland bereit. Im neuen Forschungsdatenzentrum (FDZ) des IÖR werden u. a. Daten zum Erhaltungszustand, der ökologischen Verbundenheit und Nutzung der sechs national dominierenden Landschaftstypen zur Verfügung gestellt (https://ioer-fdz.de/oekosysteme-deutschland).

Einige Indikatoren, die zur Charakterisierung des Ökosystemzustands genutzt werden können, sind im Rahmen der Nachhaltigkeitsstrategie der Bundesregierung (SDG-Indikatoren, Bundesregierung 2021) bzw. der Nationalen Biodiversitätsstrategie (NBS-Indikatoren, BMU 2015) in bundesweiten Indikatorsystemen bereits politisch etabliert und legitimiert. Sie müssen zumeist jedoch zusätzlich im Sinne der Flächen der Ökosystemtypen sowie der Bereitstellung von Ökosystemleistungen aufbereitet und interpretiert werden. Zudem ist – bei Bedarf – eine spezifische Kartierung („Verräumlichung") notwendig (Grunewald et al. 2022b).

Biodiversität Ist ein wesentlicher Bestandteil bei der Messung des Zustands von Ökosystemen. Insbesondere Biodiversitätsmetriken wie Artenabundanz, Artenreichtum oder artenbasierte Indizes werden häufig zur Messung von Aspekten des Ökosystemzustands verwendet (Rendon et al. 2019). Verwiesen sei bspw. auf die aktualisierte Rote Liste der Säugetiere Deutschlands (Meinig et al. 2020) sowie die Rote Liste der gefährdeten Biotoptypen (https://www.bmuv.de/download/rote-liste-der-gefaehrdeten-biotoptypen-deutschlands).

Eine große Vielfalt an Tier- und Pflanzenarten und Lebensräumen trägt zu einem leistungsfähigen Naturhaushalt bei und bildet eine wichtige Lebensgrundlage für uns Menschen. Das übergeordnete Ziel der Nationalen Strategie besteht folglich darin, einen guten Zustand der biologischen Vielfalt über die wichtigsten Landschafts- und Lebensraumtypen in Deutschland zu erreichen: in den Agrarlandschaften, in Wäldern, Siedlungen, in Binnengewässern, Auen und Mooren sowie an Küsten und in Meeren" (BMUV 2023). Die Zielerreichung soll v. a. über den sog. Hauptindikator **„Artenvielfalt und Landschaftsqualität"** (JWB 2024, auch etablierter NBS- und SDG-Indikator) gemessen werden. Der Berechnung des Indikators liegt die Entwicklung der Bestände von 51 Vogelarten zugrunde, die die wichtigsten Landschafts- und Lebensraumtypen in Deutschland repräsentieren. Die Größe der Bestände (nach Anzahl der Reviere beziehungsweise Brutpaare) spiegelt die Eignung der Landschaft als Lebensraum für die ausgewählten Vogelarten wider. Neben Vögeln sind auch andere Arten an eine reichhaltig gegliederte Landschaft mit intakten, nachhaltig genutzten Lebensräumen gebunden, daher bildet der Indikator indirekt auch die Entwicklung zahlreicher weiterer Arten in der Landschaft und die Nachhaltigkeit der Landnutzung ab. Das heißt, es ist ein ‚High-End Indikator', denn es geht nicht um Vogelarten, sondern darum, dass ihre Populationsveränderungen stoffliche und physische Eingriffe in die Umwelt widerspiegeln. Mithin handelt es sich um Bioindikatoren, welche die Qualität von Landschaften/Hauptökosystemen in Deutschland anzeigen sollen. Indikandum sind somit Ökosysteme, nicht die Vogelarten.

Die aktuellen Daten für den Gesamtindikator zeigen, dass sich die Bestände in den letzten zehn Jahren verschlechtert haben (2010: 79,5 %; 2019: 75,3 %). Vor allem der flächenmäßig bedeutendste Teilindikator Agrarland ist in den letzten Jahren sogar deutlich gefallen, von 83,0 % im Jahr 2010 auf 69,9 % im Jahr 2019 (JWB 2024).

In Entwicklung befindet sich ein flächendeckender, bundesweit einsetzbarer Indikator **„Biotopwert der Ökosysteme Deutschlands"**, welcher eine monetäre Inwertsetzung ermöglicht. Der Indikator, der die „Leistungen der Ökosysteme zur Erhaltung der biologischen Vielfalt" ausdrückt, nutzt kardinale Biotopwertpunkte der Bundeskompensationsverordnung. Für den Zeitschnitt 2018 liegen dazu die Ergebnisse vor (Schweppe-Kraft et al. 2020; Grunewald et al. 2023). Der Indikatoransatz ist nicht nur konsistent zu anderen akzeptierten Erfassungs- und Bewertungsverfahren (FFH- und WRRL-Berichterstattung, HNV-Kartierung, Bundeswaldinventur) und ermöglicht die Aggregation zu einem Gesamtwert für die biologische Vielfalt basierend auf einem rechtlich anerkannten Verfahren (Bundeskompensationsverordnung), sondern ist zudem gut geeignet für das Monitoring von Maßnahmen (z. B. Restoration Law), denn die Biotopumwandlung und -aufwertung spiegelt sich direkt im Indikator wider.

Daten zu **„Naturbetonten Flächen und Naturschutzgebieten in Deutschland"** stellen relativ einfache Größen zur groben räumlichen Abschätzung naturnaher bzw. naturschutzfachlich wertvoller Lebensräume in Deutschland dar. Im IÖR-Monitor ist der Indikator „Anteil Gebiete Natur- und Artenschutz an Gebietsfläche" sowohl auf Bundesland-, Raumordnungs-, Kreis- und Gemeindeebene als auch in Rasterform zwischen 10 km und 100 m aktuell für die Zeitschnitte 2006 sowie 2008 bis 2018 verfügbar. Die Daten sind unter https://monitor.ioer.de/ nachzuvollziehen und frei zugänglich. Dieser Indikator ist bspw. geeignet Auskunft darüber zu geben, in welchem Maße Schutzgebiete zur ÖSL „Erhaltung der biologischen Vielfalt" sowie „Ästhetische Werte", „Gelegenheiten für Erholung und Tourismus", etc. beitragen.

ÖSL-Indikatoren
Im Rahmen verschiedener Forschungsvorhaben wurden eine Reihe nationaler ÖSL-Indikatoren entwickelt, abgestimmt und publiziert. Die Forschungsarbeiten wurden auf prioritäre ÖSL-Klassen fokussiert und Grundsätze der Beschreibung von Indikandum (ÖSL) und Indikatoren entwickelt (Grunewald und Bastian 2023; Schweppe-Kraft et al. 2023). Tab. 3.2 gibt einen Überblick über verfügbare nationale ÖSL-Indikatoren.

Die Entwicklung, Abstimmung und Implementierung der Indikatoren ist ein weiter gehender Prozess, der künftig auch ÖSL der Meeres- und Küstenbereiche Deutschlands mit einschließen wird. Die Indikatoren „Erreichbarkeit städtischer Grünflächen", „Habitatpotenzial für Wildbienen" sowie „Biotop-Flächenindikator" werden derzeit am IÖR aktualisiert. Eine Sicherung dieser Daten über Forschungsprojekte hinaus und die Nutzer-orientierte Bereitstellung der Indikatoren wird über das FDZ des IÖR gewährleistet (https://ioer-fdz.de/).

Tab. 3.2 Ausgewählte bundesweite Indikatoren zu Ökosystemleistungen (ÖSL)

Kategorie	ÖSL-Indikator	Referenzen
Versorgungs-ÖSL	Landwirtschaftliche Biomasseproduktion: Ackerbauliches Ertragspotenzial* (Verfügbarkeit von Böden mit hoher natürlicher Fruchtbarkeit)	Grunewald et al. (2021)
	Rohholzproduktion (Holzzuwachs, Bruttoerlöspotenzial)*	Elsasser et al. (2020)
Regulierende ÖSL und Biodiversität	Wasserretentionspotenzial der Auen: Fläche für Hochwasserretention	Walz et al. (2017)
	Bestäubungsleistung: Habitatpotenzial für Wildbienen	Meier et al. (2021)
	Regulation des Bodenabtrags durch Wasser: Kapazität der Ökosysteme zur Erosionsminderung	Syrbe et al. (2018)
	Klimaregulation in Städten	Meier et al. (2022)
	Klimaschutzleistung des Waldes* (Kohlenstoffspeicherung)	Elsasser et al. (2020)
	Erhaltung der Biodiversität: Biotop-Flächenindikator im Sinne der Bewertung von Existenz- und Vermächtniswerten der Natur*	Schweppe-Kraft et al. (2020); Grunewald et al. (2021, 2023); Ekinci et al. (2022a)
	Treibhausgasbindung	Syrbe et al. (2024)
Kulturelle ÖSL**	Erholungsleistung städtischen Grüns: Erreichbarkeit städtischer Grünflächen; Annehmlichkeitswert*	Grunewald et al. (2016); Grunewald et al. (2021); Ekinci et al. (2022b)
	Erholungsleistung des Waldes*	Elsasser et al. (2020)
	Naturschutz und Landschaftsbild* (Wald-Ökosysteme)	Elsasser et al. (2020)
	Naherholung* (landschaftsgebundene Erholung)	Hermes et al. (2023)

* einschließlich Bewertung des monetären Nutzens der Ökosystemleistung
** bei kulturellen ÖSL handelt es sich i. d. R. um ein Bündel bereitgestellter/adressierter Leistungen

3.4   Herausforderungen und Möglichkeiten

Auf Ökosysteminformationen basierende neue Berichtssysteme befinden sich in Deutschland wie in vielen anderen Ländern im Aufbau und stellen nicht nur Statistikerinnen und Statistiker, sondern alle Beteiligten aus Wissenschaft und Praxis vor Herausforderungen.

Datenverfügbarkeit „Die Ökosystemrechnungen werden im Idealfall durch eine Vielzahl qualitätsgeprüfter Datensätze gespeist, die zeitlich und räumlich möglichst hochauflösend, in sich homogen, sowie über die Zeit konsistent und dauerhaft verfügbar sind. Der bundesweite Ansatz der Ökosystemrechnungen bedeutet, dass das Berichtssystem von einer gut funktionierenden Datenbereitstellung im föderalen System profitieren würde. Derzeit sind aber z. B. Daten zu Oberflächengewässern und Biotopkartierungen nicht bundesweit einheitlich und in hoher Detailtiefe verfügbar. Die rapide Entwicklung im Bereich Fernerkundung ist eine große Chance für die Ökosystemrechnungen. Dabei wäre es wünschenswert, wenn von internationalen und nationalen Institutionen qualitätsgeprüfte, nutzungsbereite und teils maßgeschneiderte Datenprodukte in noch höherem Maße bereitgestellt und deren Fortschreibung langfristig gewährleistet werden."

Der letzte Aspekt betrifft auch einen der großen funktionalen Vorteile des Kontensystems der Ökosystemrechnungen. Die einheitlichen räumlichen Analyseeinheiten und die Accounting-Struktur ermöglicht es, einen Großteil der Konten automatisiert zu erstellen. Dadurch können neue oder aktualisierte Eingangsdaten schnell integriert sowie der Ressourcenaufwand bei der Berechnung weiterer Zeitschritte geringgehalten werden.

Die in sich geschlossenen, aber miteinander verbundenen Konten erlauben es zudem, im Sinne einer Datenautobahn verschiedene „Produktausfahrten" zu nehmen. So können Ergebnisse der einzelnen Konten, thematische Auswertungen, Berechnungen von Nachhaltigkeitsindikatoren und Visualisierungen in Kartenform als „Beiprodukte" nebst der Erfassung von ÖSL erstellt werden." (Felgendreher und Schürz 2023).

Monetäre Bewertung Eine weitere Herausforderung stellt die monetäre Bewertung der SL dar, zu der konzeptionell und methodisch noch kein breiter Konsens erreicht wurde. Folglich sind die Kapitel des SEEA-EA, welche die monetäre Bewertung behandeln, nur als Leitfaden, nicht aber als statistischer Standard anerkannt. Jedoch bietet die monetäre Bewertung von Gütern und Dienstleistungen eine gemeinsame Metrik, welche die Aggregation und den Vergleich möglich macht, so auch Vergleiche von Ökosystemen und ÖSL mit anderen Kapitalgrößen und Leistungen, die in die VGR eingehen. Während das System des Accountings im Grundsatz auf nominalen Marktpreisen aufbaut, basiert der ökonomische (Wohlfahrts-)Wert auf der Zahlungsbereitschaft einer Person für ein Gut. Eine Datenbank der für Deutschland verfügbaren Bewertungsstudien sowie den darin ermittelten monetären Werten für ÖSL ist im Anhang zu Förster et al. (2019) zusammengestellt.

„Ökonomische Werte entstammen der Knappheit von Leistungen. Das heißt, dort wo die Natur besonders viel physische Leistung erbringt, ist der Wert möglicherweise am niedrigsten. Zudem ist die Bewertung zu Marktpreisen empfindlich gegenüber Marktstrukturen, externen Preisschwankungen und politischen Interventionen. Hierdurch mögliche Fehlinterpretationen monetärer Werte gilt es durch eine transparente und im ökologischen und ökonomischen Kontext eingebettete Kommunikation der Daten zu vermeiden. Zudem stellt die Wissenschaft mitunter mehrere Bewertungsmethoden für dieselben Leistungen zur Verfügung. Hier wird eine Priorisierung beziehungsweise eine wissenschaftlich basierte „Best Practice" benötigt." (Felgendreher und Schürz 2023).

ÖSL-Indikatorik Bezüglich der Entwicklung der ÖSL-Indikatorik zeigt sich, dass es eine beachtliche Herausforderung darstellt, komplexe Anforderungen aus unterschiedlicher Sicht gleichzeitig zu erfüllen:

- umweltpolitisch: ÖSL-Indikatoren sollen eingängig und verständlich, kohärent, medienübergreifend, verursacherscharf, anpassungsfähig, langfristperspektivisch sein und Relevanz für die Naturschutzpolitik und weitere sektorale Politiken aufweisen;
- wirtschaftspolitisch: sie sollen insbesondere Gestaltungs-/Handlungsspielräume ermöglichen, Lösungskorridore aufzeigen;
- fachwissenschaftlich: sie sollen analytisch sauber, abgesichert entsprechend dem aktuellen wissenschaftlich-technischen Wissen und internationalen Standards, aber auch einfach, messbar (zudem periodisch), praktikabel, leicht zu interpretieren sowie flächenscharf für Deutschland sein und Trends über die Zeit anzeigen.

Entsprechend ist die Aushandlung von Kompromissen notwendig. Es ist stets zu hinterfragen, was die Indikatoren für wen „indizieren" und welche gesellschaftlichen Zielstellungen mit einem Indikator verbunden sind. Das eigentliche Interesse gilt nicht dem Indikator, sondern dem Indikandum, d. h. dem angezeigten, nicht direkt messbaren und oftmals komplexen Sachverhalt bzw. Zustand/Leistung und dessen Änderung (Grunewald und Bastian 2023).

Potenzielle Anwendungen

Ökosystem-basierte Informationen und Accounts sind die potenzielle Quelle einer Vielzahl von Datenprodukten, die dementsprechend auch vielschichtig einsetzbar sind. Zunehmend entwickelt sich eine Nachfrage nach derartigen Informationen.

International können die Ökosystemkonten länderübergreifend vergleichbare Informationen liefern, die beispielsweise einer gemeinsamen Umweltpolitik der EU zugutekommen. Zusätzliche Indikatoren aus dem Ökosystem-Accounting können in internationale und nationale Nachhaltigkeits- und Biodiversitätsstrategien integriert werden.

Ähnlich der VGR kann das Kontensystem auf der Makroebene als Werkzeug im Sinne einer Input–Output-Analyse verwendet werden, also den ökologischen Gegenpart zur Darstellung wirtschaftlicher Produktionszusammenhänge darstellen. Ein Open-Data-Angebot zu räumlichen Zeitreihendaten zu Ökosystemen positioniert die Ökosystemrechnungen als Input für die Wissenschaft (Maßnahmenevaluierung, Modellierung von Zukunftsszenarien). Die Visualisierung in Kartenform ermöglicht zudem eine leicht verständliche Kommunikation der Ergebnisse an die breite Öffentlichkeit (Felgendreher und Schürz 2023).

Nationale ÖSL-Indikatoren können umweltpolitisch genutzt werden. Teils sind aber noch „Übersetzungsleistungen" durch die Wissenschaft für Politik und Praxis notwendig.

Wir postulieren, dass ÖSL-Daten und -indikatoren wirtschaftspolitisch relevant sind, weil sie Gestaltungs-/Handlungsspielräume ermöglichen und Lösungskorridore aufzeigen. Sie können Behörden und Institutionen des Bundes, aber auch den Bundesländern und Kommunen helfen, bei der Planung naturschutzrelevanter Räume potenzielle Interessenkonflikte besser zu identifizieren, Entscheidungen zum Erhalt von Naturkapital und ÖSL zu begründen und gegenüber der Öffentlichkeit wie auch Interessenvertretern zu kommunizieren. Als „flow"-Größen signalisieren ÖSL-Informationen einen Beitrag zum gesellschaftlichen Wohlergehen.

Unternehmensberichterstattung zu Biodiversität – von freiwilligem Engagement zu verpflichtender Regulierung

4

Tobias M. Wildner

Ein neues Paradigma zeichnet sich global und in der europäischen Regulierung ab: die explizite Berücksichtigung von Natur und ihren Leistungen als Grundlage einer holistischen Unternehmensberichterstattung, Steuerung und Finanzierung. Damit verbunden sind ein neues Naturverständnis sowie ein Transformationspotenzial zu einer natur-positiven Lebens- und Wirtschaftsweise.

4.1 Aktueller Stand der Nachhaltigkeitsberichterstattung

Die wirtschaftliche und politische Notwendigkeit, weltweit anerkannte Standards für die Finanzberichterstattung zu schaffen und zu etablieren, hat zu einer beträchtlichen Transparenz hinsichtlich der wirtschaftlichen Leistungsfähigkeit von Unternehmen geführt. Im Gegensatz dazu befindet sich der Prozess der Sichtbarmachung der sozial-ökologischen Beiträge von Unternehmen noch im Anfangsstadium (Laine et al. 2022). Im Unterschied zur Entwicklung etablierter Standards der Finanzberichterstattung wird der Prozess der Nachhaltigkeitsberichterstattung maßgeblich von privatwirtschaftlichen Institutionen und Verbänden initiiert und vorangetrieben. Akademische Expertisen aus den Bereichen Soziologie, Ökologie und Ökonomie spielen hierbei eine große Rolle (Bebbington 2021). Erst in den letzten Jahren, ausgelöst durch den zunehmenden gesellschaftlichen Druck und die Verabschiedung international-rechtlicher Rahmenwerke

K. Grunewald et al., *Die Zukunft der Wirtschaftsberichterstattung*, essentials, https://doi.org/10.1007/978-3-658-44686-4_4

wie dem *Pariser Klimaabkommen* oder dem *Kunming-Montreal Biodiversitäts-abkommen,* hat die Nachhaltigkeit – und hierin insbesondere die biologische Vielfalt – auf der nationalen und internationalen Politik- und Regulierungsagenda mehr Aufmerksamkeit erlangt.

EU-Perspektive
Im Rahmen ihres europäischen Green Deal und insbesondere seit der Erstan-wendung der *Non-Financial Reporting Directive* (NFRD) im Jahr 2017 hat die Europäische Union eine führende Rolle bei der Standardisierung einer verpflichten-den Nachhaltigkeitsberichterstattung für Unternehmen übernommen (Breijer und Orij 2022). Mit der Einführung der *Sustainable Finance Disclosure Regulation* (SFDR) und der *EU-Taxonomie* für nachhaltige Aktivitäten (EU-Taxonomie) ab den Jahren 2021 bzw. 2022 hat die EU zudem ausdrücklich auch den Finanzsektor ins Visier genommen und umfangreiche und strenge Offenlegungspflichten aufer-legt (Cremasco und Boni 2022). Die bestehende NFRD definiert allerdings keine umfassende und verpflichtende Nachhaltigkeitsberichterstattung für weite Teile der Wirtschaft. Dies hat zu einer Situation geführt, in der der Finanzsektor Nachhaltig-keitsaspekte seiner Kunden bewerten und offenlegen muss, ohne jedoch Zugang zu einer standardisierten und gesetzlich vorgeschriebenen Datenbasis über seine Kun-den zu verfügen. Dieser Mangel an relevanten und verlässlichen Daten führt in einem sehr stark wachsenden Markt für nachhaltige Finanzprodukte zu deutlich erhöhter Intransparenz und somit letztendlich einem zunehmenden Greenwashing-Risiko (Wildner et al. 2022).

Vor diesem Hintergrund gewannen freiwillige, zumeist privatwirtschaftliche Berichterstattungsstandards und Rahmenwerke wie beispielsweise die der Global Reporting Initiative (GRI), des Sustainability Accounting Standards Board (SASB) oder des International Integrated Reporting Committee (IIRC) verstärkt an Bedeu-tung. Ebenso gewannen stark regionalisierte Leitlinien wie in Deutschland der Deutsche Nachhaltigkeitskodex (DNK) an Bedeutung. Eine Standardisierung und somit Vergleichbarkeit von Nachhaltigkeitsinformationen zwischen Unternehmen und Branchen fand allerdings nur bedingt statt (Wildner et al. 2022).

Um dieser Problematik zu begegnen, verpflichtet die EU im Rahmen der *Corporate Sustainability Reporting Directive* (CSRD) ab dem 01.01.2024 schritt-weise über 40.000 EU-Unternehmen zur Implementierung eines entsprechend umfassenden und verbindlichen Standards zur Nachhaltigkeitsberichterstattung. Betroffenen Unternehmen müssen dabei sowohl über ihre Einflüsse auf als auch ihre Abhängigkeiten und Risiken von Natur und Gesellschaft berichten, und zwar standortspezifisch und über ihre gesamte Wertschöpfungskette hinweg (Europäische Union 2022).

Diese umfassende und detaillierte Betrachtung von Nachhaltigkeitsthemen und deren Auswirkungen sowohl auf das Unternehmen (**Outside-In-Perspektive**) als auch durch das Unternehmen (**Inside-Out-Perspektive**) in Verbindung mit der Forderung nach einer kontinuierlichen Abstimmung und Validierung mit den relevanten Stakeholdern unterscheidet die EU CSRD und den ihr zugrunde liegenden Berichtsrahmen, die *European Sustainability Reporting Standards* (ESRS), von anderen Nachhaltigkeitsberichtsstandards deutlich (Wildner et al. 2022).

In Bezug auf die Berichterstattung über die Natur ist der Themenstandard **ESRS E4** von zentraler Bedeutung. Unternehmen müssen gemäß diesem Standard sowohl ihren Einfluss auf als auch ihre Abhängigkeit von der Natur, ihren Ökosystemen, Arten und Leistungen bewerten, messen und letztendlich offenlegen (Europäische Union 2023c).

Internationale Perspektive

Auf internationaler Ebene ist das Rahmenwerk der Global Reporting Initiative (GRI), das 1999 eingeführt wurde und von rund 10.000 Unternehmen in mehr als 100 Ländern verwendet wird, für die Nachhaltigkeitsberichterstattung, insbesondere in Bezug auf die biologische Vielfalt, von wesentlicher Bedeutung (Machado et al. 2020).

Aufgrund ihres Rufs als internationaler Standardsetzer in Bezug auf die Finanzberichterstattung von Unternehmen sind die teils veröffentlichten, teils im Entstehen begriffenen Standards zur Nachhaltigkeitsberichterstattung des International Sustainability Standards Board (ISSB) der IFRS Foundation ebenfalls bedeutsam (Förster et al. 2023).

Im Gegensatz zu den ESRS der EU konzentriert sich die Berichterstattung nach den GRI-Standards ausschließlich auf die Inside-Out-Perspektive (Global Reporting Initiative 2022), während die aktuellen ISSB-Nachhaltigkeitsstandards lediglich eine Outside-In-Perspektive mit einem ausschließlichen Fokus auf die Klimaberichterstattung bieten (International Financial Reporting Standards Foundation 2023).

Bereits kurze Zeit nach dem In-Kraft-Treten der ESRS-Berichtspflichten wird deutlich, dass diese im Allgemeinen und der ESRS E4 im Besonderen einen starken Einfluss auf internationale Berichtsstandards haben. Dadurch wird auch die Rolle und Bedeutung einer umfassenden Berichterstattung zur Interaktion von Unternehmen mit der Natur, ihren Bestandteilen und Leistungen international stark zunehmen.

4.2   Die Rolle von Biodiversität, Ökosystemen und deren Leistungen in der Nachhaltigkeitsberichterstattung

Die Berichterstattung über biologische Vielfalt, Ökosysteme und deren Leistungen spielt innerhalb der EU CSRD und ihrer ESRS eine zentrale Rolle, während sich andere Berichterstattungsstandards und Regularien zumeist auf spezifische Teilaspekte konzentrieren. In Abb. 4.1 ist wiedergegeben, wie Wirtschaft und Gesellschaft sowohl Einflüsse (Impact Driver) auf Ökosysteme und Arten (Assets) ausüben, als auch von ihnen bzw. von entsprechenden Ökosystemleistungen (Flows) abhängig sind. Aus den so entstehenden Auswirkungen auf (Impacts) und Abhängigkeiten (Dependencies) von der Natur entstehen sowohl für das Unternehmen als auch für Wirtschaft und Gesellschaft Risiken (transitorische, physische und/oder systemische) und Chancen (Opportunities), über die im Rahmen eines CSRD-konformen Reportings transparent berichtet werden muss.

Der entsprechende Themenstandard der CSRD ist der sogenannte ESRS E4 (Europäische Union 2023b). Er fordert eine holistische Betrachtung der

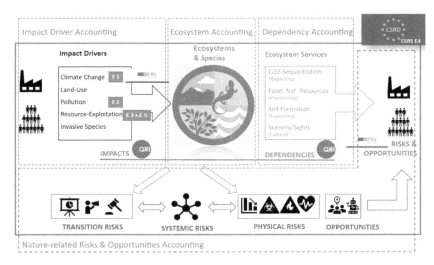

Abb. 4.1 Themenspektrum der Biodiversitätsberichterstattung und die spezifischen Rechnungslegungsanforderungen für die Einhaltung der EU CSRD und anderer international relevanter Berichtsstandards. (Eigene Darstellung)

Biodiversität auf Grundlage ihrer einzelnen Bestandteile – Arten, Ökosystem, Ökosystemleistungen und Treiber des Naturverlusts – und ist somit als konsolidierender Standard für alle Umweltthemen verfasst und zu verstehen: So hat z. B. der Einflussfaktor (Impact Driver) „Umweltverschmutzung" mit dem ESRS E2 (Europäische Union 2023c) einen eigenen thematischen Standard, zentrale Messgrößen und Informationen sind aber auch im ESRS E4 zu berichten oder zumindest entsprechend zu referenzieren. Ziel einer Berichterstattung nach dem ESRS E4 ist somit eine ganzheitliche Darstellung sowohl der Einflüsse eines Unternehmens auf als auch seiner Abhängigkeiten von Ökosystemen, Arten und Ökosystemleistungen (Europäische Union 2023b). Das Konzept der doppelten Wesentlichkeit wird somit in den ESRS, vor allem aber im ESRS E4, erstmals in einem international verpflichtend anwendbaren Standard zur Nachhaltigkeitsberichterstattung umgesetzt (Europäische Union 2023a).

Von grundlegender Bedeutung im Zusammenhang mit der Berichterstattung über die biologische Vielfalt ist ein korrektes Verständnis des Begriffs Biodiversität und seines Umfangs aus Sicht der Rechnungslegung: Während der Begriff Biodiversität konsequent der Definition des Internationalen Übereinkommens über die biologische Vielfalt (CBD) folgt und auf die Vielfalt des natürlichen Lebens und die daraus resultierenden Strukturen und Dienstleistungen abzielt (CBD 2023), erfordert die Messung, Quantifizierung und anschließende Berichterstattung dieser „Vielfalt" individuelle Buchhaltungs- und Berichtssysteme sowie -methoden. Wie Abb. 4.1 zeigt, ist die ESRS E4-konforme Biodiversitätsberichterstattung folglich in vier unterschiedliche Buchhaltungs- und Berichtssysteme unterteilt. Wenn diese Systeme zusammengeführt werden, bieten sie einen vollständigen Überblick über den Umgang des berichtenden Unternehmens mit der Natur sowie seine Abhängigkeit von ihr.

Impact Driver Accounting

Impact Driver Accounting untersucht die aktuellen und potenziellen Einfluss- oder Belastungsfaktoren (*Impact Drivers* oder *Impacts*), die wirtschaftliche Aktivitäten auf Ökosysteme, Arten und letztlich Ökosystemleistungen ausüben. Diese Bewertung bildet die Grundlage für eine strukturierte Wesentlichkeitsanalyse, die den ersten Schritt einer an den ESRS ausgerichteten Berichterstattung darstellt (Europäische Union 2023a). Sie konzentriert sich auf die Hauptverursacher des Naturverlusts, wie sie von der *Intergovernmental Science-Policy Platform on Biodiversity and Ecosystem Services* (IPBES) identifiziert wurden: Klimawandel, Verschmutzung, Landnutzung, Ausbeutung natürlicher Ressourcen und Invasive Arten (IPBES 2019).

Impact Driver Accounting zielt darauf ab, Einflussfaktoren, die nachweislich Auswirkungen auf die Umwelt haben und durch ökonomische Aktivitäten verursacht werden, zu identifizieren, zu messen und darüber zu berichten. Beispiele für Messpunkte sind der Wasserverbrauch in Kubikmetern, die Landnutzung einer Produktionsstätte in Hektar oder die CO_2-Emissionen in Tonnen. *Das Natural Capital Protocol* (Capitals Coalition 2020) sowie die *Natural Capital Management Accounting Methode* (Value Balancing Alliance et al. 2023) bieten einen weithin akzeptierten und praktisch etablierten Rahmen in Bezug auf eine praktische Umsetzung eines solchen *Impact Driver Accounting* Berichtssystems (Wildner et al. 2023) sowie einer Monetarisierung entsprechender Datenpunkte.

Die Umsetzung dieser Rahmenwerke verlangt von den Unternehmen, dass sie transparente und quantifizierbare Daten über ihre Umweltauswirkungen vorlegen. Diese Informationen sind für Interessengruppen und Investoren, die Nachhaltigkeit zunehmend in ihre Entscheidungsprozesse einbeziehen, unerlässlich. Darüber hinaus sind sie auch für die Unternehmen selbst wichtig, da sie das Risikomanagement, die Leistungsoptimierung sowie den Beitrag zu einer nachhaltigen Entwicklung ermöglichen (Wildner et al. 2023).

Insbesondere im Rahmen der EU CSRD, zeigt, dass Rechenschaftspflicht und ein Wandel hin zu nachhaltigeren Praktiken, die das langfristige Wohl der Gesellschaft und des Planeten berücksichtigen, erforderlich sind. Dies verdeutlicht das wachsende Bewusstsein für die Interdependenz von wirtschaftlichen Aktivitäten und ökologischem Wohlergehen sowie die Verantwortung der Unternehmen, innerhalb der ökologischen Grenzen zu arbeiten (Value Balancing Alliance et al. 2023).

Ecosystem Accounting

Im Gegensatz zum *Impact Driver Accounting,* das die Umweltauswirkungen wirtschaftlicher Aktivitäten untersucht, beschreibt das *Ecosystem Accounting* die Veränderungen, die in der Natur stattfinden. Das *Ecosystem Accounting,* das auch die Artenbilanzierung umfasst, zielt darauf ab, das Ausmaß, die Zusammensetzung, den Zustand und die Veränderung der Natur, die von den wirtschaftlichen Bemühungen eines Unternehmens betroffen sind, zu erfassen.

Während eine solche Buchführung und Berichterstattung in erster Linie für die nationale Berichterstattung auf der Grundlage des *UN-Rahmenwerks für die umweltökonomische Gesamtrechnung* (United Nations et al. 2021) von Bedeutung ist, liegt der Schwerpunkt der Unternehmensberichterstattung überwiegend auf konsolidierten Indikatoren (Finance for Biodiversity Foundation 2022). Beispiele für diese Indikatoren sind *die Mean Species Abundance (MSA)* oder die Nähe zu *sensiblen Naturgebieten* oder bedrohten Arten. Diese Form der Berichterstattung stellt eine erhebliche Vereinfachung gegenüber der nationalen Berichterstattung dar, vor allem aufgrund des anderenfalls erheblichen Aufwands, der erforderlich ist, um eine standortspezifische, detaillierte Ökosystembilanzierung über die gesamte Wertschöpfungskette eines Unternehmens durchzuführen (Wildner et al. 2022).

Zusätzliche Metriken ergeben sich aus der verpflichtenden Einhaltung weiterer Vorschriften, wie etwa der EU *Verordnung für entwaldungsfreie Produkte* oder lokalen Umweltverträglichkeitsprüfungen. Ein wichtiger Aspekt, insbesondere bei der Einhaltung der *EU-Taxonomie* und der *SFDR*, ist abermals die Darstellung der räumlichen Nähe wirtschaftlicher Aktivitäten zu stark geschützten Gebieten und Arten.

Das *Ecosystem Accounting* ist im Unternehmenskontext vor die Herausforderung gestellt, umfangreiche und für Laien überwiegend schwer zu verstehende ökologische Daten in ein Format zu integrieren, das für Ersteller und Nutzer einer solchen Berichterstattung zugänglich und relevant ist. Gleichzeitig muss es für das berichtende Unternehmen praktikabel umsetzbar sein. Die Unternehmen müssen ihre direkten Auswirkungen bewerten und ihren ökologischen Fußabdruck erfassen, einschließlich der Veränderungen in der natürlichen Umwelt, für die sie verantwortlich sind. Diese Form der Rechnungslegung ist im Bereich der Nachhaltigkeitsberichterstattung von Unternehmen von wachsender Bedeutung, da sie einen umfassenderen Blick auf die Verbindung eines Unternehmens mit der natürlichen Welt ermöglicht und das Verständnis für die potenziellen Gefahren und Abhängigkeiten verbessert, mit denen Unternehmen aufgrund ihres Einflusses auf die Umwelt konfrontiert sind.

Dependency Accounting

Dependency Accounting unterscheidet sich sowohl von *Impact Driver Accounting* als auch von *Ecosystem Accounting,* indem es sich auf das berichtende Unternehmen konzentriert und fragt, wie es von der Natur beeinflusst wird. Diese Art der Rechnungslegung zeigt die Abhängigkeit eines Unternehmens von Ökosystemen und deren Leistungen, die häufig unentgeltlich oder sogar unwissentlich bezogen werden. Sie hebt bestimmte Ökosystemleistungen hervor, die für wirtschaftliche Prozesse entscheidend sind und deren Rückgang zu wirtschaftlichen Konsequenzen wie erhöhten Kosten oder Produktionsstopps führen kann (Power et al. 2022). Beispielhaft sind Kraftwerke, die sauberes, kühles Wasser in ausreichender Menge benötigen, eine intakte Vegetation, die vor Umwelteinflüssen schützt, oder Insekten, die für landwirtschaftliche Betriebe und somit die Lebensmittelindustrie wichtige Bestäubungsleistungen erbringen. Neben einem grundsätzlichen Abhängigkeitsprofil je ökonomischer Aktivität erfordert das *Dependency Accounting* eine standortspezifische Identifizierung, Messung und Berichterstattung der als wesentlich identifizierten Ökosystemleistungen sowie deren Verfügbarkeit (Europäische Union 2023b). Während die Bilanzierung und Berichterstattung für rohstoffartige Ökosystemleistungen wie die Bereitstellung von Wasser, Holz oder Biomasse relativ einfach umzusetzen ist, fehlen für einen Großteil der regulierenden, kulturellen und unterstützenden Ökosystemleistungen sowohl etablierte Indikatoren als auch eine übergeordnete Bilanzierungsmethode, die es Unternehmen ermöglicht, neben der reinen Abhängigkeit auch standortspezifische Erkenntnisse im Hinblick auf die zukünftige Verfügbarkeit aus dem *Ecosystem* und *Impact Accounting* einzubeziehen (Taskforce on Nature-related Financial Disclosure 2023). Erste Studien und Methoden wurden auf makroökonomischer Ebene vorgeschlagen, vor allem von der Weltbank (Johnson et al. 2021) und der Europäischen Zentralbank (Boldrini et al. 2023). Zudem ist das Thema im Rahmen des *United Nation System of Environmental Economic Accounting – Ecosystem Accounting (UN SEEA-EA)* und damit in der nationalen Berichterstattung von Bedeutung (United Nations et al. 2021). Darüber hinaus plant das EU-Horizon-Projekt *SELINA* einen umfassenden Ansatz zu entwickeln, der sowohl die Ökosystem- als auch die Ökosystemleistungsrechnung umfasst (SELINA 2023).

Nature-related Risks and Opportunities Accounting
Wie in Abb. 4.1 dargestellt, ist die Identifizierung, Quantifizierung und Bewertung der finanziellen Risiken und Chancen, die sich aus der Interaktion eines Unternehmens mit natürlichen Ökosystemen ergeben, ein wichtiger Aspekt der Nachhaltigkeitsberichterstattung nach EU CSRD und *ESRS E4*. Die Risiken werden dabei in die Kategorien Übergangs-, physische und systemische Risiken eingeteilt.

- **Übergangsrisiken** ergeben sich hauptsächlich aus rechtlichen, regulatorischen und gesellschaftlichen Vorgaben als Reaktion auf negative Auswirkungen, die das Unternehmen auf die Gesellschaft und die Natur hat oder haben könnte. Unternehmen müssen sich an diese anpassen, um Sanktionen, behördliche Strafen oder eine geringere Verbrauchernachfrage zu vermeiden, was Anpassungen der betrieblichen Abläufe oder der strategischen Ausrichtung erfordern kann (Europäische Union 2023b).
- **Physische Risiken** entstehen in erster Linie aus unerkannten oder schlecht verwalteten Abhängigkeiten von natürlichen Systemen, die aufgrund veränderter Umweltbedingungen oder fehlender kosteneffizienter Ersatzprodukte plötzlich zu erheblichen Kosten oder Verbindlichkeiten werden können. Wenn beispielsweise eine kritische Komponente einer Lieferkette stark von der Ökosystemleistung Bestäubung abhängt, entsteht ein finanzielles Risiko im Sinne des

Nature-related risks and opportunities accounting, wenn diese Leistung bedroht ist und die Kosten für die Anpassung oder Substitution voraussichtlich erheblich sind (Europäische Union 2023b).

- **Systemische Risiken** umfassen sowohl Übergangs- als auch physische Risiken, die auf der Ebene einzelner Branchen oder der Makroökonomie aggregiert werden. Es werden typische Abhängigkeits- und Risikoprofile erstellt und die Auswirkungen auf eine Branche, die Volkswirtschaft, die Finanzmärkte oder die Weltwirtschaft häufig durch Risikoszenarioanalysen modelliert. In der Unternehmensberichterstattung liegt der Schwerpunkt auf der Analyse spezifischer Lieferketten, von denen das Geschäftsmodell des Unternehmens stark abhängig ist und die ihrerseits und letztendlich systemisch von einer Interaktion mit der Natur abhängen (Europäische Union 2023b).

Ähnlich wie das *Dependency Accounting* befindet sich das *Nature-related risks and opportunities accounting* in einem frühen Stadium eines Standardisierungsprozesses, der es Unternehmen ermöglichen soll, effiziente, wissenschaftlich fundierte und international anerkannte Analysen, Messsysteme und Indikatoren zu veröffentlichen. Während eine Reihe von Zentralbanken bereits an solchen Rahmenwerken auf makroökonomischer Ebene arbeitet (Network on Greening the Financial System 2022), plant die EU, im Rahmen eines mehrjährigen EU-Horizon-Projekts ein solches Rahmenwerk für die Nutzung durch Unternehmen wissenschaftlich zu erstellen (Europäische Kommission 2023). Darüber hinaus befasst sich auch der Finanzsektor zunehmend mit diesem äußerst wichtigen Thema (Förster et al. 2023).

4.3 Aktueller Stand der Naturberichterstattung und relevante Stakeholder

Der Prozess zur Schaffung eines weltweit akzeptierten Standards für die Berichterstattung über Biodiversität, Ökosysteme und Ökosystemleistungen wird von einer kleinen Zahl sehr einflussreicher Interessengruppen geprägt und vorangetrieben. Er weist ähnliche Merkmale und Charakteristika auf wie das bereits etablierte Umfeld für die Berichterstattung über den Klimawandel. Der Schwerpunkt liegt derzeit auf der Entwicklung wissenschaftlich fundierter, aber zugleich praktikabler Richtlinien für die Naturberichterstattung von Unternehmen, um das Ziel zu erreichen, relevante, genaue und objektive Informationen über die Auswirkungen und Abhängigkeiten eines Unternehmens von der Natur zu liefern.

Abb. 4.2 zeigt die wichtigsten Akteure, ihre Rolle und ihr Ziel bei der Entwicklung eines standardisierten globalen Rahmens für die Berichterstattung über die biologische Vielfalt. Die EU CSRD ist von zentraler Bedeutung und bezieht sich in ihrem Berichterstattungsstandard zur Biodiversität und Ökosystemen *(ESRS E4)* sowie entsprechenden Anwendungshilfen auf Arbeiten und Leitfäden von jenen Stakeholdern, die sich teilweise noch in der Entwicklung befinden.

Die **Intergovernmental Science-Policy Platform on Biodiversity and Ecosystem Services (IPBES)** (Diaz et al. 2015) hat die grundlegende Aufgabe, auf der Grundlage wissenschaftlicher Erkenntnisse das weltweite Bewusstsein für den aktuellen Zustand der Natur, den Trend des fortschreitenden Naturverlusts und die Rolle der Gesellschaft in diesem Prozess zu stärken. Die globalen Bewertungen von IPBES bieten eine weltweit anerkannte Grundlage und einen Fahrplan zum Schutz der Biodiversität und der Ökosystemleistungen für internationale Politik und Regulierung. Dementsprechend spielt dieses Thema neben den anderen vier

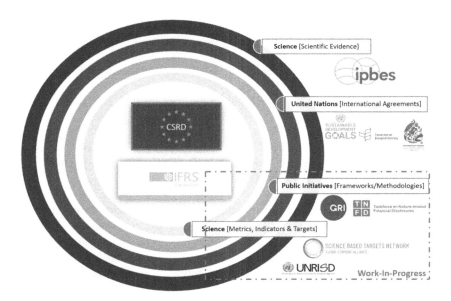

Abb. 4.2 Wichtige Akteure und deren Rolle bei der Entwicklung eines standardisierten globalen Rahmens für die Berichterstattung über die biologische Vielfalt in Unternehmen. (Eigene Darstellung)

Haupttreibern z. B. in den Standards *ESRS E4* oder *GRI-304 (GRI 2023)* sowie in der Arbeit der *Taskforce on Nature-related Financial Disclosure (TNFD 2023)* eine zunehmend wichtige Rolle.

In Anerkennung der Bedeutung der IPBES-Ergebnisse haben sie die Vereinten Nationen (UN) in ihre *Agenda 2030* für nachhaltige Entwicklung aufgenommen, die sich auch in den 17 Zielen für nachhaltige Entwicklung (SDGs) widerspiegelt (Bennich et al. 2020). Viele globale Regelungen und rechtliche Rahmenbedingungen sowie in wachsendem Ausmaß Unternehmenspolitiken und -strategien beziehen sich auf die *SDGs* der Vereinten Nationen. Während sich die *SDGs 14* und *15* ausdrücklich auf den Naturschutz beziehen, wird in jedem *SDG* die grundlegende Rolle anerkannt und unterstützt, die Ökosysteme und ihre Leistungen für eine gerechte und nachhaltige gesellschaftliche Entwicklung spielen. Diese Integration unterstreicht die entscheidende Verbindung zwischen dem menschlichen Wohlergehen und dem Erhalt der biologischen Vielfalt und der Ökosysteme, von deren Leistungen die Gesellschaft grundlegend abhängig ist.

Als Reaktion auf die wissenschaftlichen Erkenntnisse und die globale Bedeutung von Biodiversität spielt die im Rahmen der Konvention über die biologische Vielfalt (CBD) einberufene UN-Biodiversitätskonferenz eine zentrale Rolle bei der Ausgestaltung internationaler Rahmen- und Regelwerke (Hoban et al. 2020). Im Dezember 2022 einigten sich mehr als 190 Staaten auf das **Kunming-Montreal Global Biodiversity Framework (GBF)** der CBD, das rechtsverbindliche Ziele zur Eindämmung und Umkehrung des Biodiversitätsverlusts bis 2030 bzw. 2050 definiert (CBD 2023). Ähnlich wie viele der Ziele und Zielvorgaben des *Pariser Klimaabkommens* sind das *GBF* und seine Zielvorgaben für die Biodiversitätsberichterstattung von Unternehmen von grundlegender Bedeutung, da sie in den meisten Berichtsstandards und -rahmenwerken einen zentralen Bezugspunkt für die Definition der übergeordneten politischen Ziele darstellen, zu denen die Berichterstattung beitragen soll.

Die **Global Reporting Initiative (GRI)** ist ebenso für die Nachhaltigkeitsberichterstattung von Unternehmen bedeutsam. Seit 1999 sind die GRI-Berichtsstandards weltweit als führender Rahmen für die transparente Offenlegung der ökologischen, sozialen und Governance-Auswirkungen (ESG) eines Unternehmens anerkannt. Als Reaktion auf das wachsende Bewusstsein für die Bedeutung von Biodiversität und Ökosystemen hat die *GRI* diese Themen in einen eigenen Standard, *GRI-304,* aufgenommen (GRI 2016). Um eine enge Abstimmung mit den allgemeinen Zielen des *CBD GBF* und dem *ESRS E4* der EU CSRD zu erreichen, hat die *GRI* mit dem GRI-101 eine Aktualisierung und Erweiterung ihres Biodiversitätsstandards Anfang 2024 veröffentlicht (GRI 2024). Während der aktuelle Standard, der ab 01.01.2026 verpflichtend durch den

GRI-101 ersetzt wird, nur die Auswirkungen eines Unternehmens auf die Natur berücksichtigt, fordert der aktualisierte Standard von den Unternehmen auch ihre Abhängigkeit von der Natur und deren Leistungen zu berücksichtigen.

Die **Task Force on Nature-related Financial Disclosures (TNFD)** etabliert sich als das führende und weltweit akzeptierte Rahmenwerk für die Naturberichterstattung in der Praxis (Wildner et al. 2022) – parallel zur *Task Force on Climate-related Financial Disclosures* (TCFD). Dabei stimmt die *TNFD* grundsätzlich mit den Zielen der EU CSRD überein, Umweltbelange in die finanzielle Entscheidungsfindung zu integrieren, indem von Unternehmen verlangt wird, sowohl über ihre Auswirkungen auf als auch über ihre Abhängigkeit von Biodiversität, Ökosystemen und deren Leistungen zu berichten. Als Non-Profit-Organisation konzentriert sich die *TNFD* vor allem auf die finanziellen Risiken des anhaltenden Naturverlusts, jedoch innerhalb des allgemeinen Rahmens und der Rahmenbedingungen des *Impact* and *Dependency Accounting* innerhalb der von IPBES definierten wissenschaftlichen Grenzen (Wildner et al. 2022). Nach einer etwa zweijährigen öffentlichen Konsultation veröffentlichte das *TNFD* im September 2023 sein endgültiges Rahmenwerk (TNFD 2023) und wird auch in Zukunft weitere Leitlinien zu Themen wie Szenarioanalysen oder der Bewertung von Natur und ihren Leistungen aktualisieren und ergänzen. (Wildner et al. 2022).

Vergleichbar der Science-based Target Initiative (SBTi) in Bezug auf klimabezogene Ziele und Metriken spielt das **Science Based Targets Network (SBTN)** eine grundlegende Rolle für die Definition von wissenschaftsbasierten Zielen und Metriken, um sie in der Naturberichterstattung von Unternehmen zu verwenden (Wildner et al. 2022). Erste Leitlinien zu wissenschaftsbasierten Zielen und Metriken für Süßwasser- und Landökosysteme wurden bereits veröffentlicht (SBTN 2023). Bis Mitte 2025 will das SBTN sein erstes vollständiges Rahmenwerk für alle relevanten Bereiche des *Impact and Ecosystem Accounting* veröffentlichen (Gambetta 2023).

Während sich die Arbeiten von *TNFD* und *SBTN* auf praktische Umsetzungshilfen für die Naturberichterstattung und -bilanzierung konzentrieren, bieten die Arbeiten des *United Nations Research Institute for Social Development (UNRISD)* sowie der *World Benchmark Alliance (World Benchmark Alliance 2024)* wissenschaftlich fundierte und praktikable Anleitungen zur Definition und Festlegung sinnvoller Schwellenwerte und Benchmarks für einzelne Indikatoren und Ziele. Die Unternehmensberichterstattung und letztlich auch die Unternehmenspraxis soll sich folglich an dem übergeordneten Ziel auszurichten, lokale, regionale und globale ökologische Kipp-Punkte zu respektieren, um die Wahrscheinlichkeit systemischer Veränderungen der natürlichen und letztlich auch der sozialen Umwelt zu vermeiden oder zumindest zu minimieren (UNRISD 2022).

Zusammenfassend lässt sich sagen, dass die direkte oder indirekte Zusammenarbeit zwischen IPBES, UN, CBD, EFRAG, GRI, TNFD, SBTN und UNRISD die Interdependenz von sozialen, ökonomischen und ökologischen Faktoren verdeutlicht. Sie zeigt auch die Ähnlichkeiten zwischen der Naturberichterstattung und den etablierten Best Practices der Klimaberichterstattung in Bezug auf Stakeholder, Prozess und Struktur. Gemeinsam pflegen diese Organisationen ein umfassendes, wissenschaftlich fundiertes und dennoch pragmatisches Verständnis der grundlegenden Rolle der Natur in der Nachhaltigkeitsberichterstattung von Unternehmen und der Frage, wie eine solche Berichterstattung sinnvoll umgesetzt werden kann, um die Bedürfnisse und Erwartungen der Stakeholder zu erfüllen. Die allgemeine Perspektive ist, dass Mensch und Umwelt in Harmonie koexistieren können. Dies beinhaltet die Erkenntnis, dass menschliches Wohlergehen, wirtschaftlicher Wohlstand und soziale Gerechtigkeit eng mit der Erhaltung und dem Schutz der Ökosysteme und der biologischen Vielfalt unseres Planeten verbunden sind.

Synergien und Unterschiede zwischen nationaler Berichterstattung nach UN SEEA-EA und der Nachhaltigkeitsberichterstattung von Unternehmen

5

Johannes Förster, Bernd Hansjürgens und Tobias M. Wildner

Die EU Richtlinie zur unternehmerischen Nachhaltigkeitsberichterstattung (CSRD) mit dem European Sustainability Reporting Standard (ESRS) für Biodiversität und Ökosystemen (ESRS E4)[1] erfordert von den betroffenen Unternehmen die systematische Analyse und Offenlegung von Informationen und Daten zu Auswirkungen auf und Abhängigkeiten von Biodiversität und Ökosystemen (Kap. 4). Hierbei stellt sich die Frage, ob für diesen Zweck auch Informationen aus der nationalen Berichterstattung (Kap. 3) des Statistischen Bundesamts[2] nach den Vorgaben des Rahmenwerks des *United Nations System of Environmental-Economic Accounting – Ecosystem Accounting* (UN SEEA-EA; United Nations et al. 2021) für die unternehmerische Nachhaltigkeitsberichterstattung genutzt werden können. Insbesondere könnten einerseits die Transparenz, Qualität und Vergleichbarkeit der unternehmerischen Nachhaltigkeitsberichterstattung erhöht werden, wenn sich Unternehmen auf Informationen der statistisch robusten und staatlich anerkannten nationalen Berichterstattung stützen könnten. Andererseits wäre es auch eine Möglichkeit, dass unternehmerische Daten zu Biodiversität in

---

[1] CSRD ESRS E4 Biodiversität und Ökosysteme. URL: https://www.efrag.org/Assets/Download?assetUrl=%2Fsites%2Fwebpublishing%2FSiteAssets%2FESRS%2520E4%2520Delegated-act-2023–5303-annex-1_en.pdf.

[2] https://www.destatis.de/DE/Themen/Gesellschaft-Umwelt/Umwelt/UGR/oekosystemgesamtrechnungen/_inhalt.html

K. Grunewald et al., *Die Zukunft der Wirtschaftsberichterstattung*, essentials, https://doi.org/10.1007/978-3-658-44686-4_5

einer nationalen Berichterstattung Berücksichtigung finden. Im Folgenden werden einige grundlegende Synergien aber auch Unterschiede dargelegt.[3]

5.1 Synergien

Durch die bewusst offene, prinzipienbasierte Gestaltung des ESRS E4 sind Spielräume bei der Wahl von Indikatoren und Methoden für die unternehmerischen Nachhaltigkeitsberichterstattung zu Biodiversität und Ökosystemen gegeben. Dabei ist auch die Verwendung von Informationen aus der nationalen Berichterstattung zur Ökosystemrechnung[3] grundsätzlich zulässig. So verweist der Berichtsstandard ESRS E4 in Bezug auf die Erfassung von Ökosystemgröße (ecosystem extent) und Ökosystemzustand (ecosystem condition) explizit auf das Rahmenwerk des *United Nations System of Environmental-Economic Accounting – Ecosystem Accounting* (UN SEEA-EA) (United Nations et al. 2021), welches die Grundlage für die nationale Berichterstattung zu Ökosystemen bildet und Leitlinien zur Erfassung von Ökosystemgröße (ecosystem extent) und Ökosystemzustand (ecosystem condition) definiert. Im Berichtsstandard der CSRD zu Biodiversität und Ökosystemen (ESRS E4) werden die in UN SEEA-EA definiteren Metriken als Orientierung empfohlen (ESRS E4 § AR33). Somit sind insbesondere in Bezug auf Informationen zu Ökosystemen etwaige Synergien zwischen beiden Berichtssystemen grundsätzlich möglich. UN SEEA-EA gibt auch Leitlinien für die Erfassung von Ökosystemleistungen und es ist vorgesehen, diese zukünftig auch in der nationalen Berichterstattung für Deutschland zu erfassen. Somit sind auch für die Analyse potenzieller Abhängigkeiten von Unternehmen von Ökosystemleistungen Synergien mit der nationalen Berichterstattung zu erwarten (Abschn. 4.2).

Für Deutschland stellt der Ökosystematlas des Statistischen Bundesamts eine Ökosystemrechnung dar, die den Vorgaben des UN SEEA-EA Rahmenwerks folgt und Flächen- und Zustandsbilanzen (ecosystem extent & condition) für Ökosysteme bereitstellt (Kap. 3). Daten dieser Qualität können Unternehmen dabei unterstützen, eine erste Einschätzung zu potenziell betroffenen Ökosystemen in der Umgebung ihrer Unternehmensaktivität innerhalb Deutschlands abzuleiten. In der Verwendung für die Wesentlichkeitsanalyse zur Abschätzung potenziell betroffener Ökosysteme liegt weiteres Potenzial, um Synergien zwischen der nationalen

---

[3] Für die Erörterung von Synergien wurde im Rahmen des Projekts Bio-Mo-D am 15. Juni 2023 ein Workshop mit Beteiligung relevanter Akteure von staatlichen Institutionen und Unternehmen durchgeführt.

Berichterstattung und der unternehmerischen Nachhaltigkeitsberichterstattung zu nutzen (siehe Abschn. 4.2).

Insbesondere für den Fall, dass ein Unternehmen wesentlich zu Versiegelung, Landnutzungsänderung, Süßwassernutzung oder Nutzung mariner Ökosysteme beiträgt, können die Daten der nationalen Berichterstattung in Deutschland wichtige Hinweise geben, welche Ökosysteme in der Umgebung eines Standortes potenziell hiervon betroffen sein können. Dabei ermöglicht die nationale Klassifizierung von Landbedeckung und Landnutzung die Ableitung der Corine-Landbedeckungs-Klassen (CLC) sowie eine Zuweisung *(crosswalk)* dieser Klassen zu der Ökosystemklassifizierung nach der IUCN Global Ecosystem Typology (Bellingen et al. 2021). Das Monitoring von Veränderungen in Fläche und Zustand von Ökosystemen soll auch Rückschlüsse auf Ursachen dieser Änderungen ermöglichen. Die Klassifikation der Ökosysteme gibt auch Aufschluss über Vegetation und charakteristische Pflanzenarten (z. B. dominierende Baumarten von Waldökosystemen) (Bellingen et al. 2021). Mit diesen öffentlich verfügbaren Daten könnten Unternehmen dabei unterstützt werden, die Umgebung ihrer Standorte sowie Standorte von Lieferanten im Hinblick auf die vorhandenen Ökosysteme sowie möglichen Naturverluste zu analysieren, um so Rückschlüsse auf potenzielle Auswirkungen auf Biodiversität und Ökosystemen als Teil der Wesentlichkeitsanalyse zu erörtern (wie in ESRS E4 § 41 und § AR38 gefordert). Da zukünftig auch Informationen zu Ökosystemleistungen in der nationalen Ökosystemrechnung ergänzt werden sollen, ist zu erwarten, dass diese Informationen auch Unternehmen in dem Prozess helfen können, potenzielle Abhängigkeiten von Ökosystemleistungen zu identifizieren.

Im Fall Aktivitäten von Unternehmen wesentlichen Einfluss auf Schutzgebiete, gefährdete Arten, den Zustand von Arten und deren Habitate, sowie auf die Verbreitung invasiver Arten haaben, sollten auch Informationen darüber berichtet werden (ESRS E4 § 16, § 39 und § 40). Monitoring-Daten zum Zustand einzelner Arten, Populationen oder Habitaten sind in der nationalen Berichterstattung jedoch nicht enthalten. Hierfür müssten somit andere Datenquellen hinzugezogen werden. So werden zum Beispiel Geo-Informationen zu den in Deutschland vorhandenen Schutzgebieten über das Bundesamt für Naturschutz bereitgestellt (BfN 2024). Diese können dazu dienen, Gebiete mit besonderer Bedeutung für Biodiversität und insbesondere Schutzgebiete in der Nähe von Unternehmensstandorten zu identifizieren (ESRS E4 § 16a i. und § 19a). Allerdings können solche Analysen immer nur auf potenzielle Auswirkungen von Unternehmensaktivitäten insbesondere in Bezug auf Landnutzung und deren Einfluss auf Biodiversität und Ökosystemen hinweisen.

Trägt das Unternehmen durch seine Aktivitäten vermutlich wesentlich zum Naturverlust bei (Impact Driver Accounting) und sind somit wesentliche Auswirkungen auf die lokale Natur (Ecosystem Accounting) zu erwarten, müssen auch entsprechende standortspezifische Kennzahlen zur Messung der Treiber mit negativen Auswirkungen auf Biodiversität und Ökosystemen erfasst werden (siehe Kap. 4). Dies ist insbesondere dann der Fall, wenn bisher keine Maßnahmen zur Vermeidung von negativen Auswirkungen ergriffen wurden. Für Unternehmen könnten daher für diesen Grad der Genauigkeit andere Datenquellen von größerem Interesse sein. So können zum Beispiel in der Vergangenheit bereits durchgeführte Umweltverträglichkeitsprüfungen wesentlich genauere Auskunft über Unternehmensaktivitäten und deren standortspezifische Auswirkungen geben und zeigen teilweise auch Abhängigkeiten von Biodiversität und Ökosystemen auf. Im Fall, dass solche Umweltverträglichkeitsprüfungen für Standorte eines Unternehmens bereits vorliegen, können diese für die Berichterstattung mit hinzugezogen werden. Eine Empfehlung lautet, dass z. B. die Ergebnisse von unternehmensbezogenen Umweltverträglichkeitsprüfungen in einem nationalen Register zukünftig erfasst werden. So könnten über die Zeit auch kleinräumigere Informationen zu Unternehmen und deren Bezug zu Biodiversität und Ökosystemen auf nationaler Ebene verfügbar gemacht werden. Hierbei könnten jedoch rechtliche Einschränkungen bzgl. der Veröffentlichung von Daten aus Umweltverträglichkeitsprüfungen ein Hindernis darstellen.

Das erste Zwischenfazit lautet also, dass die Informationen der nationalen Berichterstattung den Unternehmen für deren Wesentlichkeitsanalyse (siehe Abschn. 4.2) relevante Daten liefern können, um festzustellen, an welchen Standorten das Thema Biodiversität und Ökosysteme genauer betrachtet werden sollte.

5.2   Unterschiede

Es lassen sich grundlegende Unterschiede in der Motivation und Zielsetzung zwischen der nationalen Berichterstattung und der Nachhaltigkeitsberichterstattung nach CSRD feststellen.

So hat die nationale Berichterstattung für die Ökosystemrechnung das Ziel, eine möglichst konsistente, statistisch robuste Erfassung von Ökosystemen auf nationaler Ebene sicherzustellen, um so Aussagen im Sinne einer Ökosystemrechnung mit Bezug zu Fläche, Zustand und Veränderungen von Ökosystemen über das gesamte Gebiet der Bundesrepublik Deutschland hinweg zu ermöglichen (Bellingen et al. 2021). Es geht hierbei um eine methodisch einheitliche, statistisch kohärente Erfassung überwiegend von Primärdaten über das gesamte Bundesgebiet hinweg, um so Informationen für die Ökosystemrechnung als Beitrag zur umweltökonomischen Gesamtrechnung bereitstellen zu können. Dabei sollen die erfassten Daten die Vorgaben des UN SEEA-EA Rahmenwerks erfüllen, um Anschlussfähigkeit und Vergleichbarkeit nationaler Statistiken auf internationaler Ebene zu gewährleisten (Bellingen et al. 2021). Daten, die nur für Teilgebiete des Bundesgebiets oder mit unterschiedlicher Auflösung vorliegen, können daher nicht berücksichtigt werden, auch wenn diese eine höhere Genauigkeit für einzelne Gebiete liefern könnten. Somit bildet der „kleinste gemeinsame Nenner" in Bezug auf flächendeckender Verfügbarkeit, Auflösung und ein Monitoring in wiederkehrenden Zeitabständen die Grundlage für die Aufnahme eines Datenpunktes in die nationale Berichterstattung.

Dies steht im Gegensatz zu Motivation und Anforderungen an die Nachhaltigkeitsberichterstattung von Unternehmen nach CSRD ESRS E4 zu Biodiversität und Ökosystemen. Im Fall, dass ein Unternehmen wesentliche Auswirkungen auf und Abhängigkeiten von Biodiversität und Ökosystemen feststellt, sollten diese möglichst standortbezogen erfasst und berichtet werden. Dies gilt sowohl für die eigenen Standorte als auch die Lieferketten (ESRS E4 § 17a, b und § AR6). Für diese Anforderung können die Daten der nationalen Berichterstattung eine robuste Grundlage liefern und eine wichtige Orientierung sein. Dabei kann jedoch insbesondere die zeitliche Auflösung der nationalen Berichterstattung eine Herausforderung sein, wenn zum Beispiel nationale Daten nur alle drei Jahre erfasst und mit zeitlicher Verzögerung berichtet werden, während Unternehmen jährlich berichten müssen. Die nationale Berichterstattung umfasst zudem nur Deutschland, wodurch internationale Standorte und Lieferketten nicht berücksichtigt werden. Unternehmen sind auch nicht auf eine bestimmte Methode festgelegt; sie können vielmehr selbst entscheiden, mit welchen Methoden und Indikatoren sie Auswirkungen auf und Abhängigkeiten von Biodiversität und Ökosystemen plausibel, robust und transparent darstellen und berichten. Hierfür können neben Primärdaten auch Sekundärdaten oder modellierte Daten Berücksichtigung finden, solange die zugrunde liegende Methode entsprechend transparent dargelegt wird (ESRS E4 § AR27). Dies steht im Gegensatz zur statistischen Kohärenz der Daten, die in der nationalen Berichterstattung grundlegend ist.

Möglicherweise können sich bei Unternehmen eines gleichen Sektors über mehrere Berichtsjahre hinweg methodisch einheitliche Ansätze durchsetzen, und so könnte Vergleichbarkeit zwischen Unternehmen entstehen. Es werden für die Umsetzung der CSRD ESRS auch sektoren-spezifische Leitfäden entwickelt. Es ist jedoch davon auszugehen, dass die statistische Kohärenz der Daten der unternehmerischen Nachhaltigkeitsberichterstattung nicht den gleichen statistischen Anforderungen der nationalen Berichterstattung entsprechen wird.

Die Anforderungen an die durch Unternehmen zu erfassenden Daten können insbesondere in Bezug auf den geforderten Standortbezug und der jährlichen Berichterstattung höher sein, als es die Daten der nationalen Statistik aktuell bereitstellen können. Die in Unternehmen erfassten Indikatoren und Daten sollten zudem ein Monitoring für die Zielerreichung und die Erfolgsmessung entsprechender Maßnahmen hinsichtlich der Reduzierung von Auswirkungen auf Biodiversität und Ökosystemen ermöglichen (ESRS E4: E4-4 zu Metriken und Zielen). Unternehmen mit wesentlichen Auswirkungen auf Biodiversität sollten Informationen zu entsprechenden Indikatoren daher auch in entsprechenden Transitionsplänen offenlegen und über Fortschritte in der Zielerreichung berichten (ESRS E4: E4-1 zu Transitionsplan). Dies bedarf Kennzahlen (auch Key Performance Indicator – KPI genannt), welche den Beitrag unternehmerischen Handles zum Naturverlust (Impact Driver Accounting), deren Auswirkungen (Ecosystem Accounting) auf oder Abhängigkeit (Dependency Accounting) von Biodiversität/Natur beziehen und so auch Entscheidungen auf Managementebene und in der Unternehmensstrategie unterstützen können. Für diesen Zweck der Unternehmenssteuerung sind die Informationen der nationalen Berichterstattung aktuell jedoch nur bedingt ausgelegt.

Darüber hinaus kann die nationale Berichterstattung nur Daten für Deutschland liefern und stellt keine Informationen über Standorte und Lieferketten auf internationaler Ebene bereit. Falls jedoch die nationale Berichterstattung nach den Vorgaben des UN SEEA-EA Rahmenwerks auch auf europäischer und internationaler Ebene einheitlich umgesetzt wird, können diese Informationen durchaus in einer Wesentlichkeitsanalyse internationaler Unternehmensstandorte und Lieferketten zukünftig Verwendung finden. Aktuell wird das UN SEEA-EA Rahmenwerk jedoch nur von 41 Staaten umgesetzt (UNSD 2023). Es bedarf daher sicherlich noch einiger Zeit, bis eine globale Deckung erreicht wird.

5.3   Fazit: Synergien sind angelegt, aber noch nicht ausgeschöpft

Der Ökosystematlas der nationalen Berichterstattung nach den Vorgaben von UN SEEA-EA (United Nations et al. 2021) kann wichtige Anhaltspunkte geben, welche Ökosysteme, sowie deren Fläche und Zustand, an einem Unternehmensstandort potenziell von Unternehmensaktivitäten betroffen sein können. Es bedarf jedoch weitere Analysen zu den Unternehmensaktivitäten als Treiber (Impact Driver) für Auswirkungen auf Ökosysteme, um auch die tatsächliche Betroffenheit der Ökosysteme feststellen zu können. Es ist zudem zu erwarten, dass die nationale Berichterstattung zukünftig auch über ausgewählte Ökosystemleistungen berichten wird, und so Unternehmen Hinweise auf potenzielle Abhängigkeiten von Ökosystemen liefern kann. Auch hier sind weitere Information zu den konkreten Abhängigkeiten aufseiten eines Unternehmens notwendig. Die nationale Berichterstattung weist aber sowohl in Bezug auf die Zielsetzung als auch in Bezug auf die räumliche und zeitliche Auflösung teilweise noch wesentliche Unterschiede zu den Anforderungen an die Nachhaltigkeitsberichterstattung von Unternehmen auf. Von der Berichtspflicht der CSRD betroffene Unternehmen müssen für die als wesentlich identifizierten Aspekte standortspezifische Informationen erfassen und berichten. Informationen aus bereits durchgeführten Umweltverträglichkeitsprüfungen können hierfür Anhaltspunkte bieten. Dennoch kann die nationale Berichterstattung insbesondere für die Wesentlichkeitsanalyse bereits eine gute Datengrundlage als Ausgangspunkt für die Berichterstattung zu Ökosystemen liefern. Die geplante Aufnahme weiterer Indikatoren in die nationale Berichterstattung nach UN SEEA-EA, und hierbei insbesondere Indikatoren zu Ökosystemleistungen sowie Informationen zur Fragmentierung von Ökosystemen, kann die unternehmerische Nachhaltigkeitsberichterstattung zu CSRD ESRS E4 wesentlich unterstützen. Allerdings umfasst die unternehmerische Nachhaltigkeitsberichterstattung die oft international verteilten Unternehmensstandorte und globalen Lieferketten. Somit ist es für eine breite Verwendung der Daten aus nationalen Berichterstattungen für die unternehmerische Nachhaltigkeitsberichterstattung entscheidend, dass die Vorgaben des Rahmenwerks von UN SEEA-EA (United Nations et al. 2021) auch international von möglichst vielen Nationalstaaten umgesetzt werden.

Da die Auswirkungen auf Biodiversität und Ökosysteme und Abhängigkeiten von Ökosystemleistungen je nach Sektor, Unternehmensaktivität und Standort sehr spezifisch sein können, werden zukünftig detailliertere, sektorspezifische Informationen benötigt werden. Hierin kann zukünftig für die Umweltforschung ein wesentlicher Beitrag liegen. Während „Citizen Science" – das Erfassen von wissenschaftlichen Daten durch Bürgerinnen und Bürger – bereits heute einen etablierten Bereich der Biodiversitätsforschung darstellt, werden in Zukunft auch Unternehmen Informationen zu Biodiversität erfassen – dem entsprechend sollte „Business-Science" in Zukunft an Bedeutung in der Biodiversitätsforschung gewinnen. Die Biodiversitätsforschung sollte mit möglichst anwendungsorientierten Informationen die Unternehmen dabei unterstützen, die Rolle von Biodiversität und Ökosystemen inklusive ihrer Abhängigkeiten von Ökosystemleistungen für ihr Geschäftsmodell zu erfassen und so mögliche Risiken und Chancen besser in ihren strategischen Unternehmensentscheidungen zu integrieren.

Welche Institutionen und Akteure beeinflussen das Handlungsfeld einer erweiterten Berichterstattung?

6

Roland Zieschank

Würde man das Naturkapital und intakte Ökosysteme ebenfalls als essentiellen Teil des materiellen Wohlstands und der gesellschaftlichen Wohlfahrt – neben Produktivkapital und „Sozialkapital" sowie dem intangiblen Kapital guter Regierungsführung – betrachten, wäre im Endergebnis das bisherige, soziale und ökologische Folgekosten ausklammernde externalisierende Denkgebäude klassischer Wirtschaftsberichterstattung einer Wandlung unterzogen, wie in Kap. 1 dargelegt. Der Prozess einer so erweiterten Wirtschaftsberichterstattung ließe sich als „soziale Innovation" verstehen.

Solche Innovationen treten in der Regel nicht einfach auf, sie sind von Akteuren und deren Verhalten abhängig, und sie könnten auch scheitern. Protagonisten können sich beispielsweise einem übergroßen Aufwand oder, um die politikwissenschaftliche Terminologie zu benutzen, Veto-Playern gegenübersehen. Im Endergebnis entscheidet eine größere Zahl an Einflussfaktoren darüber, ob sich gerade im Bereich ansonsten konservativ strukturierter statistischer Systeme Neuerungen umsetzen. Entsprechend ist die Berücksichtigung von Ökosystemleistungen (ÖSL) nicht allein von wissenschaftlicher Expertise abhängig, sondern letztlich von unterschiedlichen Akteuren mit ihren Logiken, Interessenlagen und Ressourcen sowie den sich abzeichnenden Allianzen. So ist die Identifizierung, Berechnung und Berücksichtigung von ÖSL ein vielschichtiger sozialer Prozess (der nicht allein eine naturwissenschaftliche oder statistische Frage ist) und als solcher zu betrachten. Im Rahmen des Bio-Mo-D Projektes (https://bio-mo-d. ioer.info/) wurden deshalb Untersuchungen vorgenommen, welche Organisationen und Akteure mit ihren jeweiligen Interessenlagen eine Rolle spielen. Diese ‚Stakeholder-Analyse' lässt sich nach zwei Phasen differenzieren:

- Phase der Zusammenstellung von ÖSL-Informationen für Berichtssysteme („Angebotsseite"),
- Phase des Wissenstransfers und der gesellschaftlichen Aufnahme dieser Informationen („Nachfrageseite").

6.1   Strukturierung des Politikfeldes nach Phasen

Je nach Phase des Innovationsfeldes spielen somit bei der Modernisierung der Wirtschaftsberichterstattung in Deutschland unterschiedliche Akteure eine Rolle: Für die Zusammenstellung von relevanten, beispielhaften ÖSL in physischen und fallweise monetären Größen sind beispielsweise Stakeholder wichtig, welche über relevante Potenziale vorhandener Datenbestände oder der Datengewinnung verfügen.

Generierung von ÖSL-Daten und Accounting
Über längere Zeit waren demnach in Deutschland wissenschaftliche Einrichtungen die „Treiber" einer Integration, es ging um die argumentativen Begründungen, dann immer mehr um die Klassifikation der Ökosysteme, technikgestützte Erhebung und Bereitstellung von Daten, unterstützt von staatlichen Forschungsprojekten (BMUV/ BfN, BMBF, BMEL u. a.). Wobei das Umweltministerium mit seiner politischen Orientierung an wesentlichen internationalen Übereinkommen, einer institutionellen Absicherung der „Agenda" und hinsichtlich einer finanziellen Unterstützung eine tragende Rolle einnahm und bis heute innehat. Unterstützt wird der Prozess vom BfN als zentralem Akteur für die Intensivierung der ÖSL-Integration, der durch die Vergabe von Forschungsaufträgen und Konferenzen die wissenschaftliche Fundierung sowie die Gewinnung und Bereitstellung von Daten vorantreibt. Zusammen mit dem Statistischen Bundesamt, welches nun abgesichert durch den Beschluss des UN Statistical Committees, die Verantwortung für die operative Umsetzung des SEEA-EA trägt, füllt dieser Verbund die Erweiterung der Umweltökonomischen Gesamtrechnungen (UGR) mit Leben (und Daten).

Faktisch war – zumindest in Deutschland – in dieser ersten Phase weitgehend nur die „Angebotsseite" von ÖSL-Informationen aktiv.[1] Zwar gab es bereits früher Versuche, die recht umfangreichen Forschungsarbeiten zu „Naturkapital Deutschland" einschließlich wichtiger Ökosystemleistungen auf die politische Agenda zu

---

[1] In anderen Staaten gab es jedoch bereits bei der Informationserstellung einen partizipativen Austausch mit Stakeholdern, um das wechselseitige Verständnis über Informationen und Implikationen zu erleichtern (Hein et al. 2020, S. 2 /11).

bringen – siehe UFZ-Studie „Werte der Natur aufzeigen und in Entscheidungen integrieren" (Naturkapital Deutschland – TEEB DE 2018). Aber es scheint, dass eine Erkenntnis aus vorangegangenen Bemühungen in anderen Ländern, die Umweltökonomischen Gesamtrechnungen (SEEA) in ihrer Entwicklungsphase bereits mit ihrer potenziellen Nutzungsphase in Beziehung zu setzen, noch zu wenig Beachtung gefunden hat, wie auch folgendes Zitat verdeutlicht: *"But, in most cases, those who set up the accounts are not those who use the resulting information"* (Ruijs et al. 2019, S. 715).

Wissenstransfer und Informationsnutzung

In der Phase des Wissenstransfers sind insofern Stakeholder bedeutsam, welche sich als „Bannerträger" für eine Beachtung der nationalen Accounting-Ergebnisse respektive der betrieblichen Nachhaltigkeits-Bilanzierungen in Entscheidungsprozesse verstehen, oder als „Pioniere" und „first mover" gelten können. Für eine stärkere Nachfrageorientierung nach ÖSL-Informationen – als Basis einer höheren Wertschätzung von Biodiversität in der Gesellschaft – sind außerdem Stakeholder wichtig, welche generell die Kommunikation verbreiten können. Dabei soll jedoch nicht unberücksichtigt bleiben, dass es auch Akteure und Interessen gibt, die eine stärkere Berücksichtigung von Biodiversität und ÖSL, besonders in monetärer Form, ignorieren oder sogar blockieren wollen. Darauf wird später noch kurz eingegangen.

In der Hauptgruppe der „politisch-administrativen Akteure" würden einige Ministerien und Behörden offensiv Ergebnisse aufgreifen: BMUV für die geplante neue nationale Biodiversitätsstrategie und BMWK für eine Weiterentwicklung des Jahreswirtschaftsberichts. Weitere Ministerien und das StBA selbst würden Ergebnisse wie den Ökosystematlas und Informationen zu Ökosystemleistungen in wichtigen Ökosystemen auch in die bundesdeutsche Nachhaltigkeitsstrategie sowie den Fortschrittsbericht dazu einbeziehen, der als begleitende Daten- und Indikatorengrundlage zum Stand nachhaltiger Entwicklung in Deutschland fungiert.

Stakeholder auf der Nachfrageseite sind im Bereich der NGOs vor allem der WWF, der Deutsche Verband für Landschaftspflege (DVL) oder der Deutsche Forstwirtschaftsrat e. V. (DFWR). Die Fortschritte bei der Erfassung von Ökosystemleistungen durch wissenschaftliche Institutionen wie die Thünen-Institute, das BfN oder das Deutsche Zentrum für Integrative Biodiversitätsforschung (iDiv), nicht zuletzt in monetärer Form, bilden eine Basis für die anstehende Ausbreitung von ÖSL und gesellschaftlicher Honorierung von Leistungen, vor allem durch Bauern und Forstwirte zum Erhalt intakter Ökosysteme und von Biodiversität, da sie nun immer mehr als „öffentliche Güter" verstanden werden können. Diesen Punkt hat auch die Zukunftskommission Landwirtschaft (ZKL) in ihrem Bericht von

2021 aufgegriffen und weist auf die Bedeutung einer Honorierung der Landwirte für Maßnahmen zum Erhalt von Biodiversität und ÖSL hin (Zukunftskommission Landwirtschaft 2021).

Daneben gibt es immer wieder von wissenschaftlicher Seite induzierte Kooperationen mit potenziellen Nutzern neuer Informationsgrundlagen. Ein exemplarisches Beispiel ist ein von der Deutschen Bundesstiftung Umwelt gefördertes Projekt, bei dem Waldbesitzer sich mit Ökosystemleistungen auseinandersetzen.[2] Ein weiteres Beispiel ist das Projekt Eklipse, das sich das Ziel gesetzt hat, wissenschaftliches Wissen so aufzubereiten, dass Regierungen, Institutionen und Unternehmen fundierte Entscheidungen in Bezug auf biologische Vielfalt und ÖSL treffen können. Auch das Projekt BioAgora zielt darauf, die Interaktion zwischen Wissenschaft und Politik sowie weiteren Stakeholdern zu verbessern. Es bildet zugleich die wissenschaftliche Säule des geplanten EU Knowledge Centre for Biodiversity (KCBD). Unabhängig davon verfolgte in den letzten Jahren die Umweltstiftung Michael Otto in ihrer Reihe ‚Hamburger Gespräche für Naturschutz' auch eine höhere Wertschätzung und Inwertsetzung der Wälder als Lebensgrundlage.

Hieraus resultierte immerhin ein von wissenschaftlichen und einzelnen staatlichen Akteuren ausgehender Reformdruck auf die offizielle Wirtschaftsberichterstattung.

Insgesamt haben Auswertungen zu Staaten, die Naturkapitalbilanzen bereits erstellt haben, einer Interaktion mit der Öffentlichkeit und den potenziellen Informationsnutzern einen wichtigen Stellenwert beigemessen: *„They show that mainstreaming should be considered as a process to engage policy-makers, civil society and the private sector, and to demonstrate the long-term benefits of protecting natural capital"* (Ruijs et al. 2019, S. 715).

Dieser kommunikative Austausch auch zwischen statistischen Ämtern und gesellschaftlichen Adressaten ihrer Informationen impliziert und erleichtert nicht nur die Wahrnehmung von wechselseitigen Perspektiven, sondern ermöglicht häufig auch eine Interessenkooperation und damit im Laufe der Zeit eine gemeinsame Interessenallianz der Integration und Nutzung von Informationen über die Qualität von heimischen Ökosystemen und deren Leistungen für die Gesellschaft. Diese Annahme wird beispielsweise durch Erfahrungen mit dem ‚Natural Capital Committee' in Großbritannien oder Pilotprojekte im Rahmen der sog. NCAVES -Initiative mit Unterstützung der Weltbank, zu denen auch Staaten wie Mexiko gehörten, untermauert.

---

[2] Näheres   unter: https://www.umweltdialog.de/de/umwelt/biodiversitaet/2022/Geld-fuer-Oeko-Leistungen-des-Waldes.php.

6.2 Relevante Advocacy Coalitions

Mit fortschreitender Institutionalisierung auf der Seite des Informationsangebots rückt der Fokus in diesem Politikfeld stärker in Richtung der Informationsrezeption und der Akzeptanz von Informationen über Ökosysteme und deren Leistungen. Jetzt stellt sich immer mehr die Frage, wer von den Stakeholdern in Politik, Wirtschaft und Gesellschaft SEEA-EA Ergebnisse (einschließlich anderer ÖSL-Kennziffern von Forschungseinrichtungen und Behörden) aufgreift sowie als Multiplikator oder Information-Broker – im Sinne einer wissenschaftlichen oder kommerziellen Informationsplattform und Beratung – agieren könnte. Stakeholder und die gesellschaftliche Nachfrageseite sowie internationale Berichtsverbindlichkeiten werden immer wichtiger und führen so nach und nach zu einer Anwendung durch Staat und Unternehmen (im Sinne von Mainstreaming sowie Verfeinerung/Optimierung).

Bei Interessenkonstellationen im Bereich des staatlichen SEEA-Ecosystem Accountings sind folgende Entwicklungen absehbar: Soweit über bisherige Forschungsarbeiten erkennbar, zeichnen sich Akteurskonstellationen ab, welche ähnliche Interessen an einer stärkeren Informationsgewinnung und – teils in anderen Konstellationen – auch Nutzung der Informationen über Biodiversität, ÖSL und Naturvermögen haben. Sie müssen sich indessen bislang nicht kennen oder sogar eine „bewusste" Allianz bilden: Der Begriff von *Advocacy Coalitions* (siehe v. a. Sabatier und Weible 2007; Weible et al. 2010) im politikwissenschaftlichen Sinne reicht hier von handfesten und abgestimmt vorgehenden Interessenverbünden bis hin zu Akteurskonstellationen, wo zwar ähnliche Interessen verfolgt würden, man diese jedoch nicht im Rahmen einer gemeinsamen und abgestimmten Strategie vorantreibt.[3]

Interessenallianzen aus Sicht des Bio-Mo-D Projektes reichen von unmittelbar im Integrationsprozess involvierten Akteuren der Forschungslandschaft (meist in Verbindung mit Auftraggebern wie BMUV, BfN, UBA und BMBF, fallweise auch dem BMEL mit dem Thünen-Institut für internationale Waldwirtschaft und Forstökonomie) über statistische Behörden zu weiteren staatlichen Ministerien wie BMWK und BMZ (was hier auf den ersten Moment erstaunlich erscheinen mag, jedoch ist die eingebundene GIZ mit der Bedeutung von Ökosystemleistungen seit Längerem vertraut). Darüber hinaus könnte eine solche Advocacy

---

[3] Advocacy coalitions is a term that refers to a type of alliance involving people aligned around a shared policy goal. People associated with the same advocacy coalition have similar ideologies and worldviews and, therefore, wish to change a given policy (concerning health, environmental, or many other issues) in the same direction (Weible und Ingold 2018, S. 325).

Coalition im Prinzip NGOs und Stakeholder bzw. Organisationen wie den Deutschen Verband für Landschaftspflege oder Mitglieder der Zukunftskommission Landwirtschaft einschließen.

Hervorzuheben ist, wie nah an diesem Thema auch einige Umweltorganisationen arbeiten, u. a. über ein generelles Interesse an Umweltmanagementsystemen, so etwa das Netzwerk für nachhaltiges Wirtschaften B.A.U.M. e. V., der NABU oder der WWF.

Einige dieser NGOs haben sogar die EFRAG beraten, mithin WWF, NABU und die Capitals Coalition. EFRAG wiederum hat die Inhalte für die CSRD der EU-Richtlinie (mit) erstellt. Hier ist insbesondere der Praxispartner des Bio-Mo-D Projektes wichtig, die Value Balancing Alliance (VBA). Zu nennen sind darüber hinaus die Mitglieder des EU-Align-Projekts.[4]

Insgesamt ist das Feld der Politikberatung in dieser Übergangsphase insofern interessant, weil die politische Meinungsbildung unterstützt wird – beispielhaft sei auf den Sustainable Finance Beirat der Bundesregierung, den Rat für Nachhaltige Entwicklung oder den parlamentarischen Beirat für Nachhaltige Entwicklung verwiesen.

Protagonisten aus der Medienlandschaft sind im Hinblick auf ein Agenda-Setting zur Einbeziehung von Naturvermögen in Berichtssysteme von Bedeutung, sie würden sich im weiteren Sinne durchaus einer interessenmäßigen Koalition zurechnen lassen. Exemplarisch zu nennen aus dem Multiplikatoren- und Netzwerk-Bereich sind u. a. Journalistinnen und Journalisten (Tagesspiegel Background-Informationsdienst zu „Sustainable Finance" oder beim Handelsblatt im Bereich Nachhaltige Investments) und das Netzwerk-Forum Biodiversität (NeFo). Die Deutsche Umwelthilfe (DUH) führte frühzeitig eine Reihe von Informationsveranstaltungen über Ökosystemleistungen durch. Ähnlich ausgerichtete Stiftungen, die bereits jetzt einen Beitrag zur Verbreiterung der Diskussion über Ökosystemleistungen und Biodiversität leisten, sind die Bertelsmann-Stiftung, die Umweltstiftung Michael Otto u. a.

Relevant wird immer mehr der Green-Finance Sektor, der damit beginnt, Biodiversitätsrisiken in den eigenen Risikomanagementsystemen zu berücksichtigen. Eine bislang unterschätzte Rolle spielt das internationale „Network for Greening of the Financial System" (NGFS 2022), ein weltweites Netzwerk von Zentralbanken und Finanzaufsichtsbehörden. Es hat im März 2022 einen Bericht über die Risiken des Biodiversitätsverlustes nicht nur für einzelne Unternehmen oder Branchen, sondern auch über die *Finanzstabilität von Staaten* veröffentlicht. In

---

[4] Auf die Stakeholderlandschaft im Bereich des Unternehmensreportings wird unter Abschn. 4.3 ebenfalls näher eingegangen.

Deutschland ist das Thema inzwischen aufgegriffen und wird in einer Abteilung „Green Finance" der Deutschen Bundesbank thematisiert. Zu einer Advocacy-Coalition, welche ein Interesse an der Weiterführung des ÖSL-Konzepts haben könnte, ließe sich auch der bereits erwähnte Sustainable Finance Beirat der Bundesregierung zählen.

Abb. 6.1 gibt einen aktuellen Einblick in die Forschungsarbeiten (Auszug) aus der Stakeholder-Modellierung im Projekt Bio-Mo-D.

Nimmt man den Handlungsbereich einer erweiterten Unternehmensberichterstattung im Zuge der Corporate Sustainability Reporting Directive der EU hinzu, so erscheinen unmittelbar zusätzliche Akteure im Blickfeld, insbesondere die Value Balancing Alliance, das EU-ALIGN-Projekt, Biodiversity in Good Company e. V. und in Verbindung hierzu auch die Deutsche Industrie- und Handelskammer (DIHK). Inzwischen besteht eine gegenseitige Wahrnehmung von Aktivitäten.

Bemerkenswert ist die Vorreiterrolle der schweizerischen Rückversicherungsgesellschaft Swiss Re, welche frühzeitig ein erstes Indikatorenset zur Einschätzung der Biodiversitätsrisiken in verschiedenen Ländern erstellt hat (Swiss Re Institute 2020).

Von den internationalen Organisationen kann ebenfalls die OECD einer Advocacy Coalition zugeordnet werden, hier über den Argumentationsstrang einer erweiterten Wohlfahrtsberichterstattung (Stichwort „Well-being Economy"), mit einer recht aktiven Vertretung in Deutschland, dem OECD-Centre Berlin.

Was zukünftige Allianzen/Interessenkonstellationen anbelangt, so könnten und müssten Institutionen der Landschafts- und Raumplanung Abnehmer von amtlichen Informationen der Ökosystemrechnung sein (Grunewald et al. 2022b); in einigen Fällen ist das ÖSL-Konzept bereits bekannt, bspw. in der Gartenamtsleiterkonferenz (GALK e. V.) auf kommunaler Ebene.

Nicht zu vergessen sind Akteure aus dem Bereich Wissenschaft und Forschung, die einer Advocacy Coalition offen gegenüberstehen bzw. teilweise bereits angehören, wie insbesondere die Projekte SELINA auf europäischer oder iDiv auf deutscher Ebene.[5] Darüber hinaus sind Forschungsinstitute wie das IÖW, das ZALF und das deutsche ESP-Netzwerk nur einige wissenschaftliche Stakeholder, welche mit Konzepten der Ökosystemerfassung, -bewertung und -implementierung bereits arbeiten. Die Forschungslandschaft selbst erweiterte sich immer mehr, da sich parallel auch die Rahmenbedingungen für die Befassung

---

[5] Zu näheren Informationen siehe "Science for Evidence-based and Sustainable Decisions about Natural Capital" https://www.project-selina.eu/ und Deutsches Zentrum für integrative Biodiversitätsforschung (iDiv): https://www.idiv.de/de/forschung.html.

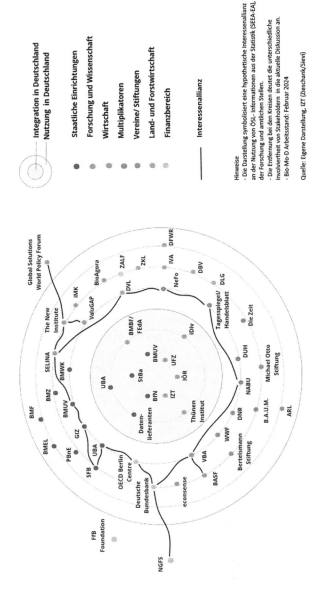

Abb. 6.1 Potenzielle Stakeholder-Allianzen: Interesse an Nationaler Ökosystemrechnung und ÖSL-Informationen

mit ÖSL und deren Nutzung verbessern. Die überwiegende Mehrzahl dieser F&E-Projekte ist angehalten, sich mit gesellschaftlichen Stakeholdern in Verbindung zu setzen und partizipative Forschungsprozesse zu verfolgen. Dies gilt auch für Projekte, welche sich um Methoden oder Integrationsprozesse von biodiversitäts-bezogenen Informationen in Unternehmensprozesse befassen (ALIGN- Projekt etc.).

6.3   Neue Herausforderungen

Zugleich steigt in Wissenschaft und damit assoziierter Praxis die Anzahl von sog. „Real-Laboren", die zwar das Themenfeld Biodiversität und Ökosystemleis-tungen sowie auch Naturkapital in die Breite bringen, zugleich aber eine Vielzahl von Einzel- und Insellösungen hinter sich herziehen, deren Relevanz nach Aus-laufen solcher Vor-Ort-Projekte noch offen ist: Sowohl was den erwünschten „Skalierungseffekt" betrifft wie den erwünschten „nachhaltigen Wissenstransfer", hat dies aber noch keine übergreifende Strategie der ÖSL-Implementierung in *zentrale Entscheidungsprozesse* auf Politik- oder Unternehmensebene induziert.

Die steigende Zahl von internationalen wie nationalen Forschungs- und Ent-wicklungsprojekten zur Erfassung und Bewertung von Ökosystemleistungen führt inzwischen erkennbar in ein Dilemma: Einerseits ist Methodenvielfalt aus Grün-den des wissenschaftlichen Fortschritts und einer pluralen Forschung hilfreich, als demokratisches Grundprinzip im Sinne einer Freiheit der Wissenschaft ist sie auch konstitutiv verankert. Andererseits führt der Methodenpluralismus ins-besondere bei der monetären Bewertung von Ökosystemleistungen leicht zur Fraktionsbildung unter den Akteuren, problematischer noch zu einem inkompati-blen Weg: Wenn man sich hier nicht auch an den internationalen Beschlüssen vor allem des UN Statistik-Committees und dem Global Biodiversity Frame-work 2022 der Convention on Biological Diversity sowie den Bestrebungen der EU-Kommission für ein Ökosystem-Accounting orientiert, würde eine Vielfalt an unterschiedlichen, methodisch induzierten Ergebnissen zu Leistungen der Öko-systeme die weitere Akzeptanz und somit Implementierung erschweren. Als worst case kann eine wissenschaftliche Uneinigkeit dann den gesamten Prozess einer amtlichen Ökosystembilanzierung nicht nur verzögern, sondern generell durch fehlende Akzeptanz bei anderen Stakeholdern unterminieren.[6]

---

[6] Das Scheitern von politisch und öffentlich akzeptierten Sozialindikatoren-Systemen in Deutschland oder auch das Unvermögen der Enquête-Kommission Wachstum, Wohlstand, Lebensqualität des Deutschen Bundestages, einen neuen Fortschrittsindikator jenseits des

6.4   Spiegelbild einer Kontroverse – seltene Konstellationen

Abschließend soll noch kritischen Stimmen Raum gegeben werden, die insbesondere eine Monetarisierung von Ökosystemleistungen und häufig auch bereits den Begriff des „Naturkapitals" ablehnen.

Versteht man die Modernisierung von Wirtschaftsberichterstattung als einen sozialen, von Akteuren gestalteten und beeinflussbaren Innovationsprozess, so lässt dies gerade nicht auf eine garantierte Implementierung schließen. Dies zeigt eindrücklich der lange Vorlauf einer Ergänzung des BIP um andere Fortschrittsindikatoren im Kontext der langjährigen ‚Beyond GDP'-Diskussion. Interessant sind die Konfliktlinien, welche einerseits innerhalb von Organisationen auftreten und zu internen Kontroversen führen können, anderseits aus politisch nicht richtungsgleichen Organisationen parallel kommen. So gibt es Indizien, dass beispielsweise innerhalb des Parteispektrums von Bündnis90/Die Grünen konträre Einschätzungen zum Stellenwert monetärer Bewertungen von Ökosystemleistungen existieren. Die Grüne Bundestagsfraktion befürwortet eine erweiterte Sicht auf Wohlstand durch Einbeziehung von Naturkapital, die Heinrich-Böll-Stiftung betreibt eine konträr argumentierende Website. Bedenken gegen Berichtssysteme mit monetären Indikatoren zur Degradierung der Natur in nationalen oder unternehmerischen Berichtssystemen kommen außerdem von Teilen des NABU, des WWF, dem Denkkreis der Freien Demokraten, dem BDI-Umfeld, Teilen der Linken, der Gemeinwohlökonomie und von Vertretern aus der Psychologie.

BIP gemeinsam vorzuschlagen, illustrieren diesen Umschwung von einer Ressource (wissenschaftlicher Vielfalt an Indikatoren) zu einer Restriktion (fehlender politischer und gesellschaftlicher Akzeptanz).

Social Tipping Points

Das Politikfeld der Integration von ÖSL ist ein ideales Beispiel für einen „Social Tipping Point", hier in positiver Analogie zu den häufig negativen naturwissenschaftlichen Tipping Points.[7] Erstens kann der Prozess, die Akteure und die zunehmenden internationalen Abstimmungen zur Einbeziehung von ÖSL und Naturvermögen in gesellschaftliche Berichtssysteme als ein sich entwickelndes Politikfeld angesehen werden: Es verfestigt sich über Ziele, internationale Verbindlichkeiten, neue Regelungen bis hin zu Standardisierungsabkommen und rechtlichen Vorgaben auf EU-Ebene. Auch werden mehr Akteure auf den Plan treten und die Diskussion um Schlussfolgerungen aus neuen Unternehmensbilanzierungen und Ecosystem-Accounts wird sich in den kommenden Jahren stärker entfalten. Gelingt die Integration von ÖSL in hinreichendem Maße, verstehen wir dies nicht nur als eine soziale Innovation, sondern als Chance für einen „Social Tipping Point". Gemeint ist hiermit, dass vergleichsweise kleine Interventionen sich selbst verstärkende Feedbacks auslösen und etablieren können, welche in der Folge und über die Zeit einen qualitativen Systemwandel mit sich bringen – hier des Denkens im Kontext von Biodiversität als zentralem Bestandteil nicht nur des Naturschutzes, sondern von gesellschaftlichem Wohlstand. „A tipping point is where a small intervention leads to large and long-term consequences for the evolution of a complex system, profoundly altering its mode of operation" (Lenton et al. 2022). Gegenwärtig besteht die Chance, dass Akteure aus dem Wissenschafts- und Statistikbereich hierzu maßgeblich einen Transformationsbeitrag leisten könnten.

---

[7] Prozesse, die mit ihrem Überschreiten neue Rückkopplungsprozesse in dieselbe Richtung induzieren, im Falle des Klimawandels etwa durch das Auftauen von Permafrostregionen. Werden in der sibirischen Tundra diese Prozesse in Gang gesetzt, verdampfen riesige Methangasmengen in die Atmosphäre und heizen den Treibhauseffekt zusätzlich weiter an.

Fazit und Ausblick

7

Bernd Hansjürgens, Tobias M. Wildner, Roland Zieschank,
Johannes Förster und Karsten Grunewald

Umweltökonomische Gesamtrechnungen für Volkswirtschaften und Unternehmen, die Ökosysteme und deren Leistungen einschließlich Kennziffern der biologischen Vielfalt einbeziehen und eine ökonomisch-ökologische Berichterstattung ermöglichen, könnten eine wichtige Basis für politische Entscheidungen und die Unternehmenssteuerung bieten und wichtige positive Rückkopplungen auf den gesellschaftlichen Diskurs darstellen, um die Natur besser zu schützen. Ein solches Berichtswesen ist inzwischen verpflichtend, aber die praktische Ausgestaltung und Anwendung sind teils noch offen.

Eine Naturbewertung und Integration von Leistungen der Ökosysteme in staatliche und unternehmerische Berichtssysteme sind zentral, weil sich so die Chance eröffnet, sie stärker als bisher in politische und wirtschaftliche Entscheidungsprozesse einzubeziehen und angemessen wertzuschätzen. Dies trägt dazu bei, dass Naturschutzpolitik neu positioniert wird: Anstelle einer eher „traditionellen" Politik des Schutzes von begrenzten Lebensräumen und Tier- und Pflanzenarten soll Naturschutzpolitik zu Gesellschaftspolitik werden, im Sinne eines wesentlichen Beitrags zum gesellschaftlichen Wohlergehen. Dieses neue „Framing" der Bedeutung von Ökosystemen und Biodiversität soll langfristig dazu führen, dass nicht nur – wie bisher – in Produktivvermögen oder „Humankapital",

Ergänzende Information Die elektronische Version dieses Kapitels enthält Zusatzmaterial, auf das über folgenden Link zugegriffen werden kann https://doi.org/10. 1007/978-3-658-44686-4_7.

wie Bildung, Gesundheit und soziale Sicherheit investiert wird, sondern gleichermaßen in intakte Ökosysteme und vielfältige, lebendige Landschaften, d. h. in „Naturvermögen".

Nationale Berichterstattung
Der Rahmen für nationale Accounting Systeme, die naturschutzfachliche Informationen bereitstellen, ist mit SEEA-EA (United Nations et al. 2021) bereits abgesteckt (Kap. 3). Eine Weiterentwicklung von Methoden, Kriterien und Standards für diese Ökosystemrechnungen ist jedoch erforderlich, um die Werte und Leistungen von Biodiversität und Ökosystemen adäquat zu erfassen und in die wirtschaftlichen Entscheidungsprozesse zu integrieren. Dies betrifft künftig vor allem standardisierte Ansätze und Methoden für die Monetarisierung von ÖSL-Konten. Insofern sind seitens der Forschung neue Wissensgrundlagen sowie ein regelmäßiger Austausch über neue Methoden und Ansätze gefragt.

Für die regelmäßige und aktuelle Datenbereitstellung und die Einbeziehung in die UGR ist in Deutschland das Statistische Bundesamt verantwortlich. Parallel werden Indikatoren, die die Biodiversität und die Ökosysteme sowie deren Leistungen auf nationaler Ebene abbilden, insbesondere von staatlichen Institutionen erarbeitet und in ein systematisches Monitoring überführt, bspw. im Nationalen Monitoringzentrum zur Biodiversität oder im Forschungsdatenzentrum des IÖR. Insbesondere, wenn ÖSL-Indikatoren in nationale Strategien einbezogen werden (Nationale Strategie zur biologischen Vielfalt - NBS und Deutsche Nachhaltigkeitsstrategie - DNS), erlangen sie politische Relevanz und können ihr Informations- und Steuerungspotenzial auf Bundesebene, aber auch den nachgelagerten Länder- und Kommunalebenen entfalten.

Für ein stärkeres Mainstreaming, d. h. Einfließen des Themas Biodiversität und Ökosystemleistungen in andere Politikbereiche, ist es zusätzlich zentral, die verschiedenen Stakeholdergruppen konstruktiv einzubeziehen (Stichwort „Advocacy Coalitions"[1]): Dies sind vor allem umweltorientierte Akteure aus der Politik und NGOs außerdem die Wirtschaft, Regierungsberatungsorganisationen sowie gesellschaftliche Meinungsführer, die als Multiplikatoren wirken können (Kap. 6). Es gilt daher, die Vernetzung solcher Akteure über einzelne Sektoren hinweg aufzuzeigen und bislang ungeahnte Allianzen sich entwickeln zu lassen. Dies können

---

[1] (…) political participants tend to join forces, exchange knowledge, and share resources with those who are ideologically their kin. Based on these shared beliefs, they tend to coordinate action, engage in joint strategies, and share efforts in impacting political decision-making (Weible und Ingold 2018, S. 326).

z. B. Umweltverbände, die Bundesbank, der Deutsche Verband für Landschaftspflege mit dem Konzept einer „Gemeinwohlprämie" oder Akteure im Bereich von
„Sustainable Finance" sein.

Die Erweiterung der staatlichen Wirtschaftsberichtsysteme (Jahreswirtschaftsberichte der Bundesregierung, Wohlfahrtsberichterstattung) um wesentliche Kennziffern der biologischen Vielfalt und ÖSL sowie ihrer vielfachen Werte ist insgesamt
ein zeitlich weitreichender und anspruchsvoller politischer Prozess.

Im Entwurf der neuen NBS 2030 avisiert die Bundesregierung das Ziel (BMUV
2023, S. 89): „Bis 2026 und darüber hinaus werden in der jährlichen Wirtschafts-
bzw. Wohlfahrtsberichterstattung der Bundesregierung Aussagen sowie Indikatoren
zu Biodiversität und Naturkapital fester Bestandteil sein und systematisch weiter
ausgebaut – auch in Hinblick auf Ökosystemgesamtrechnungen" (siehe auch JWB
2024). Folgende weitere Ziele und Maßnahmen wurden in der NBS zur Diskussion
gestellt (BMUV 2023, S. 88/89)

- Bis 2025 wird ein Forschungsprojekt zu einem „Naturkapital-Check" für
  rechtliche und planerische Entscheidungen initiiert mit dem Ziel, durch die
  Berücksichtigung des Wertes von Ökosystemleistungen wichtige ergänzende
  Entscheidungsgrundlagen zur Bewertung von Entwicklungsszenarien sowie zur
  Optimierung der sektorenübergreifenden Bewirtschaftung von Ökosystemen zu
  liefern (z. B. Gesetzesfolgenabschätzung, UVP, SUP, Kosten-Nutzen-Analysen
  von Projekten).
- Bis 2025 wird über die Kultusministerkonferenz eine Initiative gestartet,
  damit Bildungsmaterialien zu Naturkapital-Ansätzen in Curricula der relevanten Studiengänge integriert werden, mindestens in den Bereichen Ökonomie,
  Landschaftsplanung, Stadtplanung und Bau, Verkehrsplanung, Agrar- und Forst-
  wissenschaften.
- Bis 2026 werden Projekte zur Weiterentwicklung von Erfassungs- und Bewertungsmethoden von Naturkapital, zur Erhebung und Erfassung der dafür
  benötigen Daten sowie zur Entwicklung von aussagekräftigen Indikatoren
  initiiert.
- Bis 2026 werden beim Statistischen Bundesamt die entsprechenden Ökosystemgesamtrechnungen aufgebaut, die Ergebnisse sukzessive online verfügbar und
  öffentlichkeitswirksam bekannt gemacht sowie durch ein nationales Begleitgre-
  mium zur Naturkapitalerfassung (zur wissenschaftlichen Beratung, Vernetzung
  der relevanten Behörden sowie Unterrichtung und Einbindung weiterer gesellschaftlicher Akteure) unterstützt.

Unternehmens-Reporting

Die Bilanzierung und Berichterstattung über das Verhältnis von Unternehmen zur Biodiversität, den Ökosystemen und deren Leistungen ist insgesamt von entscheidender Bedeutung, denn sie trägt zur Sensibilisierung von Wirtschaft und Öffentlichkeit für den fortschreitenden Naturverlust, dessen Folgen und die daraus resultierenden signifikanten finanziellen Risiken bei. Dabei sollte die Berichterstattung nicht nur als Pflicht und bürokratische Bürde, sondern auch als Chance verstanden werden, bessere und nachhaltigere Unternehmensentscheidungen auf Grundlage besserer und umfangreicherer Daten zu treffen.

Dies wurde in der Vergangenheit vernachlässigt, da die naturbezogene Berichterstattung von Unternehmen bisher freiwillig, begrenzt und oft oberflächlich war. Die EU CSRD, insbesondere der ESRS E4 und dessen praktische Interpretation und Anwendung, sowie die Anwendungshilfen der TNFD sind in diesem Zusammenhang maßgeblich für die Qualität, den Umfang sowie die Transparenz der zukünftigen Berichterstattung. Grundsätzlich[2] erfordert eine sinnvolle und aussagekräftige Berichterstattung über die Natur und ihre relevanten Aspekte v. a. anfänglich signifikante Ressourcen, insbesondere das Engagement der Unternehmen über die Buchhaltungsabteilungen hinaus. Das Verständnis individueller Abhängigkeiten von natürlichen Ressourcen und Leistungen (Outside-in-Perspektive) kann das Verständnis und Management sozialer und finanzieller Risiken erleichtern. Darüber hinaus bietet dieses Verständnis die Möglichkeit, potenzielle Risiken und Chancen zu identifizieren und somit wirklich nachhaltige Geschäftspraktiken und -strategien zu ermöglichen, die sowohl die Ziele von Investoren und Gesellschaft als auch die zum Schutz unseres Planeten unterstützen.

Trotz der raschen Entwicklung der Umweltberichterstattung von Unternehmen, die vor allem durch die Anforderungen der EU CSRD gefördert wird, gibt es noch viele Hindernisse, die gezielte und anwendbare wissenschaftliche Erkenntnisse erfordern. Die Wissenschaft kann daher in diesem Prozess eine zentrale Rolle spielen, besonders im Hinblick auf Methoden zur Bilanzierung von Abhängigkeiten *(Dependency Accounting)* und daraus resultierender finanzieller Chancen und Risiken *(Nature-related risks and opportunities accounting)* sowie die Verbesserung der Verfügbarkeit und Zugänglichkeit von wissenschaftlichen Daten und Erkenntnissen, die auf die Bedürfnisse von Unternehmen und Regulierungsbehörden zugeschnitten werden sollten.

Der klassische Naturschutzbereich nicht nur in Umweltverbänden, sondern auch in Behörden und im Ministerium „fremdelt" häufig noch mit umweltökonomischen

---

[2] Im Vergleich zum finanziellen wie auch personellen Aufwand einer Finanzbuchhaltung und -berichterstattung sind allerdings weder die einmaligen noch laufenden Kosten einer Nachhaltigkeitsberichterstattung nennenswert bzw. vergleichbar.

Accounting- und Finanzansätzen. Hier besteht noch weiterer Diskussionsbedarf, denn bei einer Bilanzierung von Leistungen der Ökosysteme für das Wohlergehen der Menschen wie auch der Gesellschaft insgesamt geht es nicht darum, „Preisschilder" für Naturgüter auszuweisen, sondern den bislang unerkannten Beitrag intakter Ökosysteme für den zukünftigen Wohlstand offenzulegen – wie auch die mit „blinder" Wachstumsorientierung verbundenen Degradierungen der Natur. Dazu sollte eine verbesserte Berichterstattung, die sowohl ökonomisch, sozial und ökologisch den Wohlstand erfasst, (weiter-)entwickelt werden. Zentrale Stellschrauben mit Blick auf die Transformation der Wirtschaft wären u. a. die Korrektur der Wohlfahrtsmessung und der Wirtschaftsberichterstattung, z. B. durch den Ausbau der Ökosystemgesamtrechnung und der Integration von Naturkapital in wirtschaftliche Entscheidungsmechanismen. Aktuelle Versuche, ökologisch-ökonomische Berichterstattung auf Bundesebene zu gestalten, wurden ab 2023 in den Sonderkapiteln „ökologische Grenzen" sowie „Wohlfahrtsmessung und gesellschaftlicher Fortschritt" der Jahreswirtschaftsberichte aufgenommen (JWB 2024). Dazu kann das Ökosystem-Accounting künftig einen zentralen Beitrag leisten.

Die Einbeziehung von Ökosystemleistungs- und Biodiversitätsbelangen in Wirtschafts- und Wohlfahrtsberichte schreitet somit in Deutschland voran. Ziel dieses Accountings ist es, Transparenz zu schaffen. Wissenschaft, Wirtschaft und Gesellschaft sollten die Daten aufnehmen, interpretieren und zukünftig stärker in umweltrelevante Entscheidungen einbeziehen.

Fazit – das Narrativ ändert sich Wirtschaft beschäftigt sich immer mehr mit Naturvermögen. Das Ökosystem-Accounting kann zeigen, welche Biodiversitätsziele, zu denen sich Deutschland verpflichtet hat, erreicht oder verfehlt werden. Die Erwartung besteht darin, dass man mithilfe des Accountings Entscheidungsträger auch aus anderen Politikbereichen mitnehmen kann. Und man kommt nicht umhin, den Wechsel vom Narrativ zum tatsächlichen Handeln mehr in das Blickfeld nehmen. Fragen eines verbesserten Wissenstransfers – oder etwas umfassender: „Science-Policy Interface" – werden deshalb zukünftig an Bedeutung gewinnen.

Was Sie aus diesem *essential* mitnehmen können

- Die wichtigsten Begriffe aus dem Bereich einer modernen Wirtschaftsbericht-erstattung, die „Naturkapital" einbezieht
- Einen Überblick über Informationsquellen und Datenprodukte zu Ökosystem-rechnungen
- Gemeinsamkeiten und Unterschiede zwischen der nationalen Berichterstattung und der Nachhaltigkeitsberichterstattung von Unternehmen
- Eine Analyse der Akteure, ihrer Rollen und Ziele bei der Entwicklung eines politisch-institutionellen Rahmens für die Berichterstattung
- Die gesellschaftliche Bedeutung einer zukünftig um Biodiversität erweiterten Wirtschaftsberichterstattung.

K. Grunewald et al., *Die Zukunft der Wirtschaftsberichterstattung*, essentials,
https://doi.org/10.1007/978-3-658-44686-4

Literatur

Bebbington, J., Cuckston, T. and Ferger, C. (2021) Biodiversity. In: J. Bebbington., C. Larrinaga., B. O'Dwyer and I. Thomson (Hrsg.), Handbook on Environmental Accounting. Routledge.

Bellingen M, Felgendreher S, Oehrlein J, Schürz S, Arnold S (2021) Ökosystemgesamtrechnungen – Flächenbilanzierung der Ökosysteme (Extent Account). WISTA 6: 31–42.

Bennich, T., Weitz, N., Carlsen, H. (2020) Deciphering the scientific literature on SDG Interactions: A review and reading guide. Science of The Total Environment. Vol. 728. https://www.sciencedirect.com/science/article/pii/S0048969720319185.

BfN – Bundesamt für Naturschutz (2024) Kartenanwendung – Schutzgebiete in Deutschland. URL: BfN 2024 https://www.bfn.de/daten-und-fakten/kartenanwendung-schutzgebiete-deutschland.

BMU – Bundesministerium für Umwelt, Naturschutz und Reaktorsicherheit. (2007) Nationale Strategie zur biologischen Vielfalt. https://www.cbd.int/doc/world/de/de-nbsap-01-de.pdf.

BMU – Bundesministerium für Umwelt, Naturschutz und nukleare Sicherheit (2015) Indikatorenbericht 2014 zur Nationalen Strategie zur biologischen Vielfalt, Berlin.

BMUV (2023) Nationale Strategie zur biologischen Vielfalt 2030 – Diskussionsvorschläge des BMUV. https://www.bmuv.de/themen/naturschutz/allgemeines-/-strategien/nationale-strategie.

BNatSchG – Bundesnaturschutzgesetz (2009) Gesetz über Naturschutz und Landschaftspflege. BGBl. I, S 2542.

Boldrini, S. et al. (2023) Living in a world of disappearing nature: physical risk and the implications for financial stability. European Central Bank. Occasional Paper Series: No. 333. https://www.ecb.europa.eu/pub/pdf/scpops/ecb.op333~1b97e436be.en.pdf.

Brand U (2021) Wider die Fixierung auf die Politik! Anmerkungen zur aktuellen Transformationsdebatte. GAIA 30/4: 227–230.

Brandt N, Exton C, Fleischer L (2022) Well-being at the heart of policy: lessons from national initiatives around the OECD. [Basic Paper Series No. 1/2022] Forum New Economy. https://newforum.org/wp-content/uploads/2022/02/FNE-BP01-2022.pdf.

Breijer, R., Orij, R.P. (2022) The comparability of non-financial information: An exploration of the impact of the Non-Financial Reporting Directive (NFRD, 2014/95/EU). Accounting in Europe 19(2): 332–361. DOI:https://doi.org/10.1080/17449480.2022.2065645.

Burkhard B, Maes J (Hrsg) (2018) Ecosystem Services Mapping, Pensoft, Sofia.

Capital Coalition (2016) Natural Capital Protocol. Webseite: www.naturalcapitalcoalition. org/protocol (aufgerufen: 27.11.2023).

CBD – Convention on Biological Biodiversity (2010) Global Biodiversity Outlook 3. CBD Secretariat, Montreal.

CBD (2022a) Country profiles: Germany, https://www.cbd.int/countries/profile/?country= de#facts.

CBD (2022b) COP15: Final text of Kunming-Montreal Global Biodiversity Framework. https://www.cbd.int/article/cop15-final-text-kunming-montreal-gbf-221222.

Coffie, W., Aboagye-Otchere, F., & Musah, A. (2018) Corporate Social Responsibility Disclosures (CSRD), corporate governance and the degree of multinational activities: Evidence from a developing economy. Journal of Accounting in Emerging Economies. Vol. 8 No. 1: 106–123. ISSN: 2042–1168. https://www.emerald.com/insight/content/doi/ 10.1108/JAEE-01-2017-0004/full/html.

Common M, Stagl S (2005) Ecological Economics. An Introduction. University Press, Cambridge.

Convention on Biological Diversity (2023) Kunming-Montreal Global Biodiversity Framework. https://www.cbd.int/gbf/introduction/ (aufgerufen: 27.11.2023).

Costanza R, d'Arge R, de Groot RS, Farber S, Grasso M, Hannon B, Limburg K, Naeem S, O'Neill R, Paruelo J et al. (1997) The value of the world's ecosystem services and natural capital. Nature 387: 253–260.

Cremasco, C., Boni, L. (2022) Is the European Union (EU) sustainable finance disclosure regulation (SFDR) effective in shaping sustainability objectives? An analysis of investment funds' behaviour. Journal of Sustainable Finance & Investment: 1–19. https://doi. org/10.1080/20430795.2022.2124838.

CSRD ESRS E4 (2024) Biodiversität und Ökosysteme. URL: https://www.efrag.org/Assets/ Download?assetUrl=%2Fsites%2Fwebpublishing%2FSiteAssets%2FESRS%2520E4% 2520Delegated-act-2023-5303-annex-1_en.pdf.

Daily G (Hrsg) (1997) Nature's Services: Societal dependence on natural ecosystems. Island Press, Washington DC.

Dasgupta P (2021) The Economics of Biodiversity: The Dasgupta Review. (London: HM Treasury). https://assets.publishing.service.gov.uk/government/uploads/system/uploads/ attachment_data/file/962785/The_Economics_of_Biodiversity_The_Dasgupta_Review_ Full_Report.pdf.

DESTATIS – Statistisches Bundesamt (2020) Indikatoren der UN-Nachhaltigkeitsziele. https://sdg-indikatoren.de/ (22.12.2020).

Diaz, S. et al. (2015) The IPBES conceptual framework – connecting nature and people. Current Opinion in Environmental Sustainability. Vol. 14: 1–16. https://www.sciencedirect. com/science/article/pii/S187734351400116X.

EC – European Commission (2022) Proposal for a Regulation of the European Parliament and of the Council amending Regulation (EU) No 691/2011 as regards introducing new environmental economic accounts modules. https://eur-lex.europa.eu/legal-content/EN/ TXT/?uri=COM:2022:329:FIN (1.3.2024).

EEA – European Environment Agency (2015) European ecosystem assessment – concept, data, and implementation Contribution to Target 2 Action 5 Mapping and Assessment of

Ecosystems and their Services (MAES) of the EU Biodiversity Strategy to 2020. https://doi.org/10.2800/629258.

EEA– European Environment Agency (2020) Indicators. Information on the environment for those involved in developing, adopting, implementing and evaluating environmental policy, and also the general public. https://www.eea.europa.eu/themes/biodiversity/indicators/ (22.12.2020).

Ekinci B, Grunewald K, Meier S, Schwarz S, Schweppe-Kraft B, Syrbe R-U (2022a) Supporting site planning through monetary values for biomass and nature conservation services from ecosystem accounts. One Ecosystem 7: e89706. https://doi.org/10.3897/oneeco.7.e89706.

Ekinci B, Grunewald K, Meier S, Schwarz S, Schweppe-Kraft B, Syrbe R-U (2022b) Setting priorities for greening cities with monetary accounting values for amenity services of urban green. One Ecosystem 7:e89705. https://doi.org/10.3897/oneeco.7.e89705.

Ellenberg H, Weber HE, Düll R, Wirth V, Werner W, Paulißen D (1992) Zeigerwerte von Pflanzen in Mitteleuropa. 3. Aufl. Scripta Geobotanica 18, Göttingen.

Elsasser P, Altenbrunn K, Köthke M, Lorenz M, Meyerhoff J (2020) Regionalisierte Bewertung der Waldleistungen in Deutschland. Braunschweig: Johann Heinrich von Thünen-Institut, Thünen Rep 79. https://doi.org/10.3220/REP1598274305000.

Europäische Kommission (2011) Mitteilung der Kommission an das Europäische Parlament, den Rat, den Europäischen Wirtschafts- und Sozialausschuss und den Ausschuss der Regionen: Lebensversicherung und Naturkapital: Eine Biodiversitätsstrategie der EU für das Jahr 2020.

Europäische Kommission (2019) Der europäische Grüne Deal. COM(2019) 640 final, Brüssel (https://ec.europa.eu/info/sites/default/files/european-green-deal-communication_de.pdf).

Europäische Kommission (2023). HORIZON-CL6-2024-BIODIV-01-4. Horizon Europe Framework Programme. https://ec.europa.eu/info/funding-tenders/opportunities/portal/screen/opportunities/topic-details/horizon-cl6-2024-biodiv-01-4.

EU-Kommission (2020) EU-Biodiversitätsstrategie für 2030. COM(2020) 380 final. https://eur-lex.europa.eu/legal-content/DE/TXT/?uri=celex%3A52020DC0380.

EU-Kommission (2021) Vorschlag für eine VERORDNUNG DES EUROPÄISCHEN PARLAMENTS UND DES RATES zur Änderung der Verordnung (EU) Nr. 691/2011 in Bezug auf die Einführung neuer Module für die umweltökonomischen Gesamtrechnungen. COM(2022) 329 final.

Europäische Union (2022). Corporate Sustainability Reporting Directive. Directive (EU) 2022/2464. https://eur-lex.europa.eu/legal-content/EN/TXT/?uri=CELEX:32022L2464 (Stand: 27.11.2023).

Europäische Union (2023a). European Sustainability Reporting Standards. Delegierter Rechtsakt zur Direktive (EU) 2022/2464. https://finance.ec.europa.eu/regulation-and-supervision/financial-services-legislation/implementing-and-delegated-acts/corporate-sustainability-reporting-directive_en (Stand: 27.11.202).

Europäische Union (2023b). European Sustainability Reporting Standards – ESRS 4: Biodiversity and Ecosystems. Delegierter Rechtsakt zur Direktive (EU) 2022/2464. Annex I: 124–144. https://finance.ec.europa.eu/regulation-and-supervision/financial-services-legislation/implementing-and-delegated-acts/corporate-sustainability-reporting-directive_en (Stand: 27.11.202).

Europäische Union (2023c). European Sustainability Reporting Standards – ESRS 2: Pollution. Delegierter Rechtsakt zur Direktive (EU) 2022/2464. Annex I: 124–144. https://finance.ec.europa.eu/regulation-and-supervision/financial-services-legislation/ implementing-and-delegated-acts/corporate-sustainability-reporting-directive_en (Stand: 27.11.202).

European Commission (2022) Proposal for a Regulation of the European Parliament and of the Council amending Regulation (EU) No 691/2011 as regards introducing new environmental economic accounts modules. https://eur-lex.europa.eu/legal-content/EN/ TXT/?uri=COM:2022:329:FIN (zuletzt aufgerufen am 13.3.2023).

EU (2020) Local climate regulation service – guidance note. https://circabc.europa.eu/ui/ group/922b4700-1c83-4099-b550-763badab3ec0/library/ea07daaf-f004-491e-bdb3-f6e b0dae643a/details.

Felgendreher S, Schürz S (2023) Ökosysteme. In: DAGStat-Stellungnahme zum Thema "Umweltstatistik", Beschleunigung umweltpolitischer Entscheidungen durch verlässliche Daten und effiziente statistische Methoden. Version 16.03.2023.

Finance for Biodiversity Foundation (2022) Finance for Biodiversity. Guide on biodiversity measurement approaches, 2nd Edition. https://www.financeforbiodiversity.org/wp-content/uploads/Finance-for-Biodiversity_Guide-on-biodiversity-measurement-approa ches_2nd-edition.pdf.

Förster J, Schmidt S, Bartkowski B, Lienhoop N, Albert C, Wittmer H (2019) Incorporating environmental costs of ecosystem service loss in political decision making: A synthesis of monetary values for Germany. Supplementary S1: Database of monetary values of changes in ecosystem services in Germany. *PLOS One* 14 (2), e0211419.

Förster J, Wildner T, Hansjürgens B (2023) Bedeutung des Kunming-Montreal Global Biodiversity Framework für die Rolle von Biodiversität in der Wirtschaftsberichterstattung. ZfU 1, S. 88–99. https://online.ruw.de/suche/zfu/Bedeut-des-Kunmin-Montre-Global-Biodiv-Framew-fuer-16a5607d7d42664500371edb684738f0?OK=1&i_ffsource=zfu& i_sortfl=score&i_sortd=desc&i_accuracy=1).

Gambetta G (2023) SBTN plans to roll-out target validation processin mid-2024 as corporate pilot is extended. Responsible Investor. https://www.responsible-investor.com/sbtn-plans-to-roll-out-target-validation-process-in-mid-2024-as-corporate-pilot-extended/ (aufgerufen: 28.11.2023).

Global Reporting Initiative (2016). GRI-304: Biodiversity 2016. Global Reporting Initiative. https://www.globalreporting.org/standards/media/1683/german-gri-304-biodivers ity-2016.pdf.

Global Reporting Initiative (2023) Topic Standard Project for Biodiversity. https://www.glo balreporting.org/standards/standards-development/topic-standard-project-for-biodivers ity/ (aufgerufen: 27.11.2023).

de Groot, RS (1992) Functions of Nature: Evaluation of nature in environmental Planning, Management and Decision making. Groningen, Wolters-Noordhoff.

Global Reporting Initiative (2024) GRI 101: Biodiversity 2024. https://www.globalreporting. org/search/?query=GRI+101 (aufgerufen: 29.01.2024).

Grunewald K, Richter B, Meinel G, Herold H, Syrbe RU (2016) Vorschlag bundesweiter Indikatoren zur Erreichbarkeit öffentlicher Grünflächen. Bewertung der Ökosystemleistung „Erholung in der Stadt". Nat Landsch 48 (7):218–226.

Grunewald K, Pekker R, Zieschank R, Hirschfeld J, Schweppe-Kraft B, Syrbe RU (2019) Grundlagen einer Integration von Ökosystemen und Ökosystemleistungen in die Umweltökonomische Gesamtrechnung in Deutschland. Natur und Landschaft 94/8: 330–338.

Grunewald K, Schweppe-Kraft B, Syrbe RU, Meier S, Michel C, Richter B, Schorcht M, Walz U (2020) Hierarchisches Klassifikationssystem der Ökosysteme Deutschlands als Grundlage einer übergreifenden Ökosystem-Bilanzierung. Natur und Landschaft 95(3):118–128.

Grunewald K, Hartje V, Meier S, Sauer A, Schweppe-Kraft B, Syrbe R-U, Zieschank R, Ekinci B, Hirschfeld J (2021) National accounting of ecosystem extents and services in Germany: a pilot project. In: La Notte A, Grammatikopoulou I, Grunewald K, Barton DN, Ekinci B (Hrsg): Ecosystem and ecosystem services accounts: time for applications. Book of Proceedings, Publications Office of the European Union, Luxembourg, 2021. JRC123667. p. 35–49. https://doi.org/10.2760/01033.

Grunewald K, Zieschank R, Ekinci B (2022a) Neue Perspektiven für die wirtschaftliche Berichterstattung in Deutschland: Einbeziehung von Ökosystemen und deren Leistungen. Ergebnisse der zweiten Nationalen Konferenz für ein Ecosystem Accounting in Deutschland. Natur und Landschaft 97/12, S. 568–573, https://doi.org/10.19217/NuL2022-12-04.

Grunewald K, Syrbe RU, Walz U, Wende W, Meier S, Bastian O, Zieschank R (2022b) Nationale Indikatoren zur Bewertung von Ökosystemen und deren Leistungen – Bundesweiter Orientierungsrahmen für Landschaftsplanungen und Informationsgrundlage für die Bundespolitik. Naturschutz und Landschaftsplanung 54 (02): 12–25, https://doi.org/10.1399/NuL.2022.02.01.

Grunewald K, Bastian O (Hrsg) (2023) Ökosystemleistungen – Konzept, Methoden, Bewertungs- und Steuerungsansätze. 2. aktualisierte und stark erweiterte Auflage, Springer-Spektrum, Heidelberg, 625 S. https://doi.org/10.1007/978-3-662-65916-8.

Grunewald K, Syrbe RU, Schweppe-Kraft B (2023) Biotopwert der Ökosysteme Deutschlands. NATURSCHUTZ und Landschaftsplanung 55(12): 16–17. https://doi.org/10.1399/NuL.2023.12.03.

GSK Update (2019) Sustainable Finance – Die Grüne Revolution (nicht nur) des Finanzsektors. https://www.gsk.de/wp-content/uploads/2019/08/GSK_Update_Sustainable_Finance_DE.pdf (Zugriff: 23.03.2022).

Hein L, Remme RP, Bogaart PW, Lof ME, Horlings E (2020) Ecosystem accounting in the Netherlands. Ecosystem Services, Vol. 44: 2–13. https://doi.org/10.1016/j.ecoser.2020.101118.

Hermes J, Albert C, Schmücker D, Bredemeier B, Barkmann J, von Haaren C (2023) Erfassung und Bewertung kultureller Ökosystemleistungen in Deutschland – Die Qualität der Landschaft für Freizeit- und Wochenend- erholung in Deutschland: Potenzial, Dargebot, Präferenzen, Nutzung. BfN-Schriften 659, https://doi.org/10.19217/skr659.

Hölscher K, Wittmayer JM, Loorbach D (2018) Transition versus transforation: What's the difference? Environmental Innovation and Societal Transitions 27, 1–3. https://doi.org/10.1016/j.eist.2017.10.007.

Inglehart R (2008) Changing values among western publics from 1970 to 2006. West European Politics 31: 130–14.

International Financial Reporting Standards Foundation (2023) International Sustainability Standards Board, IFRS S1. https://www.ifrs.org/issued-standards/ifrs-sustainability-standards-navigator/ifrs-s1-general-requirements/ (aufgerufen: 27.11.2023).

IPBES (2019) Global assessment report on biodiversity and ecosystem services. In: Brondizio ES, Settele J, Diaz S, Ngo HT (Hrsg) Intergovernmental Science-Policy Platform on Biodiversity and Ecosystem Services. IPBES Secretariat, Bonn, Germany https://www.ipbes.net/global-assessment.

JWB – Jahreswirtschaftsbericht der Bundesregierung (2024) Hrsg.: Bundesministerium für Wirtschaft und Klimaschutz (BMWK) https://www.bundesregierung.de/breg-de/service/publikationen/jahreswirtschaftsbericht-2024-2261396 (1.3.2024).

Jax K (2016) Biozönose, Biotop und Ökosystem. Schlüsselbegriffe der Ökologie und des Naturschutzes, NuL, 91, Heft 9/10, 417–422.

Jessel B, Tschimpke O, Waiser M (2009) Produktivkraft Natur. Hoffmann und Campe, Hamburg.

Johnson, J. A. et al. (2021) The Economic Case for Nature: A Global Earth-Economy Model to Assess Development Policy Pathways. World Bank. Washington, DC. https://openknowledge.worldbank.org/handle/10986/35882.

Laine, M., Tregidga, H., Unerman, J. (2022) Sustainability Accounting and Accountability, 3rd Edition. Routledge.

Kumar P (Ed.)(2010) The Economics of Ecosystems and Biodiversity: Ecological and Economic Foundations. Routledge, London, New York.

Lenton TM, Benson S, Smith T, Ewer T, Lanel V, Petykowski E, Powell TWR, Abrams JF, Blomsma F, Sharpe S (2022) Operationalising positive tipping points towards global sustainability. Global Sustainability 5, e1, 1–16. https://doi.org/10.1017/sus.2021.30.

LiKi (2020) Länderinitiative Kernindikatoren – LIKI. https://www.lanuv.nrw.de/liki/index.php (22.12.2020).

Lutz C, Zieschank R, Drosdowski T (2015) Measuring transformation towards a Green economy in Germany – Conference-Paper: ESEE 2015 Conference in Leeds, UK https://www.researchgate.net/publication/280574500_Measuring_transformation_towards_a_green_economy_in_Germany.

Machado, B. A., Dias, L. C., Fonseca, A. (2021) Transparency of materiality analysis in GRI-based sustainability reports. Corporate Social Responsibility and Environmental Management. Vol. 28 No. 2: 570-580. https://doi.org/10.1002/csr.266.

MEA – Millennium Ecosystem Assessment (2005) Ecosystem and human well-being: Scenarios, Vol 2. Island Press, Washington.

Meier S, Walz U, Syrbe RU, Grunewald K (2021) Das bundesweite Habitatpotenzial für Wildbienen. Ein Indikator für die Bestäubungsleistung. Naturschutz und Landschaftsplanung 53, 6, 12–19. https://doi.org/10.1399/NuL.2021.06.01.

Meier S, Moyzes M, Syrbe R-U, Grunewald K (2022) Klimaregulation in Städten als Ökosystemleistung. Vorschlag eines nationalen Indikators zur Bewertung der Ökosystemleistung Klimaregulation in Städten. Naturschutz und Landschaftsplanung 54/10:20–29, https://doi.org/10.1399/NuL.2022.10.02.

Meinig H, Boye P, Dähne M, Hutterer R, Lang J (2020) Rote Liste und Gesamtartenliste der Säugetiere (Mammalia) Deutschlands. Band 170 (2): Säugetiere, Naturschutz und Biologische Vielfalt 170 (2), Bundesamt für Naturschutz, Bonn-Bad Godesberg, 73 S.

Naturkapital Deutschland – TEEB DE (2018) Werte der Natur aufzeigen und in Entscheidungen integrieren – eine Synthese. Helmholtz-Zentrum für Umweltforschung – UFZ, Leipzig. https://www.ufz.de/export/data/462/211806_TEEBDE_Synthese_Deutsch_BF.pdf.

NGFS – Network for Greening the Financial System (2022) Central banking and supervision in the biosphere: An agenda for action on biodiversity loss, financial risk and system stability. Final Report of the NGFS-INSPIRE Study Group on Biodiversity and Financial Stability. https://www.ngfs.net/sites/default/files/medias/documents/central_banking_and_supervision_in_the_biosphere.pdf.

OECD (2023), OECD Environmental Performance Reviews: Germany 2023, OECD Environmental Performance Reviews, OECD Publishing, Paris, https://doi.org/10.1787/f26da7da-en.

Pattberg P, Widerberg O (2015) Global environmental governance. In: Pattberg P, Zelli F (Hrsg) Encyplopedia of Global Environmental Governance and Politics. Cheltenham, Edward Elgar: 28–35.

Power, S., Dunz, N., and Gavryliuk, O. (2022) An Overview of Nature-Related Risks and Potential Policy Actions for Ministries of Finance: Bending the Curve of Nature Loss. Coalition of Finance Ministers for Climate Action. Washington, D.C.

Rendon P, Erhard M, Maes J, Burkhard B (2019) Analysis of trends in mapping and assessment of ecosystem condition in Europe. Ecosystems and People, 15(1), 156–172. https://doi.org/10.1080/26395916.2019.1609581.

Ruijs A, Vardon M, Bass S, Ahlroth S (2019) Natural capital accounting for better policy. Ambio 48, 714–725.

Sabatier PA, Weible C (2007) The Advocacy Coalition Framework. Innovations and Clarifications. In Theories of the Policy Process, Hrsg. Paul A. Sabatier, 189–220. Zweite Auflage. Boulder, Co: Westview Press.

Schröder, HD (2006) Wirtschaftsberichterstattung. In: Medien von A bis Z. VS Verlag für Sozialwissenschaften, Wiesbaden. S. 387–390. https://doi.org/10.1007/978-3-531-90261-6_157.

Schweppe-Kraft B, Syrbe RU, Meier S, Grunewald K (2020) Datengrundlagen für einen Biodiversitätsflächenindikator auf Bundesebene. In: Meinel G, Schumacher U, Behnisch M, Krüger T (Hrsg) Flächennutzungsmonitoring XII mit Beiträgen zum Monitoring von Ökosystemleistungen und SDGs. Berlin. IÖR-Schriften 78, 191–204.

Schweppe-Kraft, B., Grunewald, K., Meier, S., Schwarz, S., Syrbe, R.-U. (2023). Nature under Pressure – Report on the state of ecosystems and their services for society and economy. German MAESReport on Target 2, Action 5 of the EU-Biodiversity Strategy 2020. https://biodiversity.europa.eu/countries/germany/maes/maesreport_d_23april2024.pdf/@@download/file.

SELINA (2023) Science for evidence-based and sustainable decisions about natural capital. EU Horizon Project. https://doi.org/10.3030/101060415.

Science Based Targets Network (2023) Target-setting guidance for companies. Science Based Target Network. https://sciencebasedtargetsnetwork.org/resources/ (aufgerufen: 28.11.2023).

Smith AC, Harrison PA, Pérez Soba M, Archaux F, Blicharska M, Egoh BN, Erős T, Fabrega Domenech N, György ÁI, Haines-Young R, Li S, Lommelen E, Meiresonne L, Miguel Ayala L, Mononen L, Simpson G, Stange E, Turkelboom F, Uiterwijk M, Veerkamp CJ,

Wyllie de Echeverria V (2017) How natural capital delivers ecosystem services: A typology derived from a systematic review. Ecosystem Services, 26, 111–126. https://doi.org/10.1016/j.ecoser.2017.06.006.

Syrbe R-U, Schorcht M, Grunewald K, Meinel G (2018) Indicators for a nationwide monitoring of ecosystem services in Germany exemplified by the mitigation of soil erosion by water. Ecological Indicators 94 (2) 46–54. https://doi.org/10.1016/j.ecolind.2017.05.035.

Syrbe, R.-U., Schwarz, S., Schweppe-Kraft, B., Grunewald, K. (2024) Eine Analyse der Ökosystemleistung „Treibhausgasbindung" in Deutschland. NATURSCHUTZ und Landschaftsplanung 56 (02), S. 24–33 https://doi.org/10.1399/NuL.17957.

Swiss Re Institute (2020) Biodiversity and Ecosystem Services. A business case for re/insurance. https://www.swissre.com/risk-knowledge/mitigating-climate-risk/managing-biodiversity-risk-is-critical-for-global-economy.html.

Taskforce on Nature-related Financial Disclosures (2023) Developing and delivering a risk management and disclosure framework for organisations to report and act on evolving nature-related risks. https://tnfd.global/ (aufgerufen: 27.11.2023).

TEEB – The Economics of Ecosystems and Biodiversity (2009) An interim report. Europ. Comm., Brussels (www.teebweb.org).

UBA – Umweltbundesamt (2019) Monitoringbericht 2019 zur Deutschen Anpassungsstrategie an den Klimawandel. Bericht der Interministeriellen Arbeitsgruppe Anpassungsstrategie der Bundesregierung. https://www.umweltbundesamt.de/sites/default/files/medien/1410/publikationen/das_monitoringbericht_2019_barrierefrei.pdf (22.12.2020).

UBA – Umweltbundesamt (2020) Wichtige Umwelt-Indikatoren. https://www.umweltbundesamt.de/daten/umweltindikatoren (22.12.2020).

UBA – Umweltbundesamt (2020) Transformative Umweltpolitik: Ansätze zur Förderung gesellschaftlichen Wandels. https://www.umweltbundesamt.de/sites/default/files/medien/1410/publikationen/2020-01-15_texte_07-2020_transformative-umweltpolitik.pdf.

United Nations et al. (2021) System of Environmental-Economic Accounting – Ecosystem Accounting (SEEA-EA). White cover publication, pre-edited text subject to official editing. URL: https://seea.un.org/sites/seea.un.org/files/documents/EA/seea_ea_white_cover_final.pdf (aufgerufen: 27.11.2023).

United Nations Research Institute for Social Development (2022) Authentic Sustainability Assessment – A User Manual for the Sustainable Development Performance Indicators. United Nations Research Institute for Social Development (UNRISD). https://cdn.unrisd.org/assets/library/reports/2022/manual-sdpi-2022.pdf (aufgerufen: 28.11.2023).

UNSD (2023) Global Assessment of Environmental-Economic Accounting and Supporting Statistics 2022. https://seea.un.org/sites/seea.un.org/files/global_assessment_2022_background_doc_v4_clean_1.pdf.

Value Balancing Alliance, Capitals Coalition (2023). Standardized natural capital management accounting – A methodology promoting the integration of nature in business decision making. https://www.value-balancing.com/_Resources/Persistent/0/b/2/f/0b2faace9439cd331a504e86c003d08f9659c3d3/Transparent_NCMA_Methodology-Final3%20.pdf (aufgerufen: 27.11.2023).

Vari A, Adamescu CM, Balzan M, Gocheva K, Götzl M, Grunewald K, Inacio M, Linder M, Obiang-Ndong G, Pereira P, Santos-Martin F, Sieber I, Stępniewska M, Tanacs E, Termansen M, Tromeur E, Vackarova D, Czúcz B (2024) National mapping and assessment of ecosystem services projects in Europe – Participants' experiences, state of the art and lessons learned. Ecosystem Services 65, 101592. https://doi.org/10.1016/j.ecoser.2023. 101592.

Walz U, Richter B, Grunewald K (2017) Indikatoren zur „Regulationsleistung von Auen". Ein Beitrag zum Konzept nationale Ökosystemleistungs-Indikatoren Deutschland. Naturschutz und Landschaftsplanung 49, 3:93–100.

Weible CM, Pattinson A, Sabatier PA (2010) Harnessing Expert-Based Information for Learning and the Sustainable Management of Complex Socio-Ecological Systems. Environmental Science & Policy 13 (6): 522–534.

Weible C, Ingold K (2018) Why advocacy coalitions matter and practical insights about them. In: Policy & Politics vol. 46, no 2, 325–43, Policy Press. https://doi.org/10.1332/ 030557318X15230061739399.

WBGU – Wissenschaftlicher Beirat der Bundesregierung. Globale Umweltveränderungen (2011) Welt im Wandel: Gesellschaftsvertrag für eine Große Transformation. Berlin.

WEF – World Economic Forum (2020) Half of World's GDP Moderately or Highly Dependent on Nature, Says New Report. https://www.weforum.org/press/2020/01/half-of-world-s-gdp-moderately-or-highly-dependent-on-nature-says-new-report/ (02.02.2024).

Wildner, T.M., Förster, J., Hansjürgens, B. (2022) Sustainable Finance – Die Berücksichtigung von Biodiversität und Ökosystemleistungen: *Bestandsaufnahme, vorläufige Bewertung und Handlungsempfehlungen*. Studie im Auftrag des NABU. https://www. nabu.de/imperia/md/content/nabude/sustainablefinance/090622_sustainable_finance_b iodiversit__t___kosystemleistungen.pdf (aufgerufen: 27.11.2023).

Wildner, T.M., Klinkhammer, F., Euler, D. (2023) Value Beyond Accounting – from Sustainability Disclosure to Meaningful Business Steering. Global Solutions Journal 9: 144–152. ISSN 2570–205X. (https://www.global-solutions-initiative.org/wp-content/upl oads/2023/05/GSJ9_Summit-2023-Edition.pdf).

World Benchmark Alliance (2024) Nature Benchmark. https://www.worldbenchmarkgalli ance.org/nature-benchmark/.

Wunder S, Albrecht S, Porsch L, Öhler L (2019) Kriterien zur Bewertung des Transformationspotenzials von Nachhaltigkeitsinitiativen (p. 151) [Abschlussbericht. Forschungskennzahl 3714 17 100 0]. (Umweltbundesamt (UBA), Hrsg.). https://www. umweltbundesamt.de/sites/default/files/medien/1410/publikationen/2019-03-26_texte_ 33-2019_transformationspotenzial.pdf.

Zieschank R, Diefenbacher H (2019) Jahreswohlstandsbericht 2019. Der Status Quo wird zum Risiko. Studie im Auftrag der Fraktion Bündnis 90/ Die Grünen im Deutschen Bundestag. Berlin. https://www.gruene-bundestag.de/fileadmin/media/gruenebundestag_ de/publikationen/reader/Jahreswohlstandsbericht_2019_01.pdf.

Zieschank R, Diefenbacher H, Held B, Rodenhäuser D (2021) Jahreswohlstandsbericht 2021 – Die Pandemie als Katalysator. Studie im Auftrag der Bundestagsfraktion Bündnis 90/Die Grünen. Berlin. https://www.gruene-bundestag.de/fileadmin/media/gruenebundes tag_de/publikationen/reader/19-86-ONLINE-JWB-Gesamtbericht_final_2021.pdf.

Zieschank R, Grunewald K (2023) Neue Sicht auf die Werte der Natur – Ökosystemleistungen und Biodiversität in der nationalen Wirtschaftsberichterstattung. Bonn: BfN, Policy Brief 02/2023 https://doi.org/10.19217/pol232.

Zukunftskommission Landwirtschaft (Hrsg.) (2021) Zukunft Landwirtschaft. Eine gesamtgesellschaftliche Aufgabe. Empfehlungen der Zukunftskommission Landwirtschaft. Berlin.

Printed in the USA
CPSIA information can be obtained
at www.ICGtesting.com
CBHW072317110824
13040CB00005B/263